# O Poder de Cura da Luz

Primrose Cooper

# O Poder de Cura da Luz

## Uma visão abrangente do poder de cura e transformação da luz

*Tradução*
CARMEN FISCHER

EDITORA PENSAMENTO
São Paulo

Título do original: *The Healing Power of Light.*



Publicado na Inglaterra em 2000 por Judy Piatkus (Publishers) Ltd.



O primeiro número à esquerda indica a edição, ou reedição, desta obra. A primeira dezena à direita indica o ano em que esta edição, ou reedição, foi publicada.

| Edição | Ano |
|---|---|
| 1-2-3-4-5-6-7-8-9-10-11 | 03-04-05-06-07-08-09-10-11 |

Direitos de tradução para o Brasil
adquiridos com exclusividade pela
EDITORA PENSAMENTO-CULTRIX LTDA.
Rua Dr. Mário Vicente, 368 — 04270-000 — São Paulo, SP
Fone: 272-1399 — Fax: 272-4770
E-mail: pensamento@cultrix.com.br
http://www.pensamento-cultrix.com.br
que se reserva a propriedade literária desta tradução.

*Impresso em nossas oficinas gráficas.*

*Dedico este livro à*
*LUZ DA VIDA,*
*Fonte de toda Criação,*
*com fascinação e gratidão.*

# Sumário

# Prefácio

Roderick Friend, Mestre em Artes, RCA

Estamos entrando na Era da Luz, que surge das trevas da cultura cada vez mais mecanicista dos últimos mil anos.

Paradoxalmente, o período que costumamos chamar de "Idade das Trevas" (Idade Média) é aquele no qual foram criados os prodígios resplandecentes das catedrais góticas e só depois é que surgiram a medição e a análise do espaço, do tempo e da matéria, associadas à Renascença... em certos sentidos, um tipo de escuridão mais real.

Por todos os lugares à minha volta vejo provas de que está aumentando o prazer pelos espaços iluminados. Se compararmos um interior vitoriano, com sua quase obsessão pela decoração e simetria, com um interior contemporâneo em que a claridade, a luz e o espaço são de importância máxima, veremos nisso um certo afrouxamento da relação de dependência para com o materialismo.

A luz do Sol, com seu total complemento de valores químicos distribuído por todo o espectro, é intrinsecamente terapêutica para o tecido vivo, e em meu próprio campo de trabalho, criando e ensinando a arte dos vitrais, eu vejo o quanto a beleza e a força da emissão da luz colorida podem afetar profundamente as emoções das pessoas. Entretanto, os benefícios fisiológicos que elas recebem dificilmente podem ser mensurados. Essa é uma visão significativamente diferente da arte visual daquela que requer que a luz da superfície recaia sobre um objeto. Podemos estabelecer a relação com a química e a alquimia da "Idade Média".

Através do meu trabalho, entrei em contato com diferentes grupos da comunidade, inclusive de pessoas idosas, pessoas com problemas mentais e crianças com distúrbios, e foi esse trabalho que fortaleceu minha fé no poder de cura da luz colorida. Colocar a mão na massa proporciona ainda a vantagem da experiência direta. Eu descobri que o processo de manusear e dispor fragmentos de material colorido transparente tem um efeito calmante sobre as pessoas com pouca capacidade de atenção, que sofrem de ansiedade ou outros distúrbios comportamentais.

Símbolos, cores e formas, todos transmitem fortes mensagens para o subconsciente.

Certa vez alguém me disse que um dos significados da palavra sanscrítica da qual "Cristo" é derivada é "a luz entre os átomos", uma imagem bem próxima da idéia do século XX que vê a matéria como "luz congelada".

Todas as evidências à nossa volta apontam para o fim das barreiras rígidas em nossa percepção do que é material e do que é espiritual ou não-material, e em nenhuma outra situação isso fica tão evidente quanto quando estudamos e usamos a luz, representada pelo desenvolvimento tecnológico da fototrônica a partir da eletrônica.

A luz é informação e está no cerne de cada célula do nosso corpo. "Iluminação" é o termo usado para descrever o nível supremo do desenvolvimento humano, e foi nessa importante esfera da luz que Primrose buscou inspiração para fundar essa terapia que marca o início de um novo século.

# Prefácio da Autora

Este livro começa com as notícias divulgadas pela BBC sobre o genocídio em Kosovo e termina com suas reportagens ao vivo sobre as enchentes que assolaram Moçambique. Mas foi também o ano em que o eclipse do Sol, que percorreu rapidamente a Europa e o Oriente Médio em direção ao Oceano Índico, foi mais brilhantemente monitorado, observado pelo mundo em seu trajeto, como símbolo de nossa unidade.

Nesse mesmo ano Tochas da Paz foram trazidas dos cinco continentes para formarem uma única Tocha da Paz no País de Gales. Lanternas acesas nessa tocha atravessaram todo o Reino Unido. Numa noite de novembro, o Emissário da Luz, o Trovador da Paz, como James Twyman ficou conhecido, cantou acompanhado de seu violão os Cânticos da Paz de todos os credos num concerto em Londres, como já havia feito nos campos de refugiados da Macedônia, Belfast e Bagdá. No dia seguinte, ele iria para Bath dar um concerto para arrecadar fundos para as crianças refugiadas que conseguiram escapar da Chechênia através da fronteira com a Inguchétia. Acendemos nossas pequenas chamas na tocha que veio de Gales e as levamos para casa para acendermos outras na chegada do Milênio, enquanto a BBC mostrava o pipocar dos fogos de artifício por todo o planeta.

Escuridão e luz, global e local, imagens de desespero e de esperança. Espero que este livro possa contribuir para a procura da luz nas trevas, o encontro de propósito e sentido contra as circunstâncias que nos oprimem.

# Prefácio da Autora

# Agradecimentos

Quero agradecer principalmente a todos aqueles, conhecidos e desconhecidos, que durante toda a minha vida incutiram-me um amor à luz em todas as suas manifestações. Sou especialmente grata a Theo Gimbel, que introduziu a terapia da cor na Grã-Bretanha e na Europa, e com quem estudei em 1987; e a Jacob Liberman, por seu grande estímulo a todos nós do LIGHT Trust e por ser uma fonte de inspiração pessoal para mim. Agradeço calorosamente a Rod Friend, o célebre artista de vitrais, por seu Prefácio. Seu belo vitrô "Tree Angel" foi exposto como uma bênção sobre a "LIGHT '98 Conference" na Reading University. Quero agradecer a todas que me deram apoio prático na digitação — Elizabeth Mansfield, Margaret De'Ath, Felicia Houssein e Amy Purdon — ou na leitura do manuscrito — Rosemary Anne Addison e Irene Harrop. Sou grata também pelas estimulantes conversas científicas com Terry Delaney e Ron Bills.

Agradeço a Pauline Wills tanto pela permissão de usar seus diagramas quanto pelo encorajamento para eu começar a escrever este livro. Agradecimentos especiais a minhas editoras, Sandra Rigby e Lizzie Hutchins, para o pessoal da Piatkus e a minha agente Susan Mears.

Agradeço a todos cujas obras eu consultei com muito prazer e benefício. Seus nomes estão na Bibliografia e nas Notas. Foi fascinante seguir seus pensamentos e participar de seu entusiasmo.

Finalmente, sou grata à minha família e aos meus amigos, especialmente meus colegas do LIGHT Trust, sem esquecer meu gato Royce, que deu seu apoio sentado sobre a maioria dos capítulos manuscritos.

# Introdução

O que leva você, Leitor, a se interessar por este livro? O que tem a luz de tão atraente e importante nesta época de nossa história, que me levou a escrever *O Poder de Cura da Luz* e para que você queira lê-lo?

Qual poderia ser sua motivação? A luz solar, a camada de ozônio, o aquecimento global e os riscos de câncer de pele? Como os cientistas decompuseram a luz em espectro e freqüências? De que maneira invisível a luz está hoje sendo monitorada por uma tecnologia em constante desenvolvimento? A luz nas grandes mitologias do mundo? O mundo incrível da comunicação através da luz e o desenvolvimento da informática durante a passagem para o próximo milênio? Cura por meio da luz? A luz como instrumento de criação nas artes visuais? A relação profunda da luz com a espiritualidade e outros níveis de consciência? Como receber e emitir luz em nossa própria vida?

Este livro vai abrir caminhos em cada uma dessas áreas, numa tentativa de apresentar a luz holisticamente, isto é, da perspectiva da totalidade. A separação da luz em áreas de estudo é mais para nossa conveniência do que por qualquer outra razão. Dizemos que "vemos" com a visão física, "vemos e entendemos" com a visão mental, "vemos e sabemos" com a visão espiritual. Todas elas são formas de visão, uma suplementando e ampliando a outra, não negando. É dessa maneira que vou procurar apresentar este amplo tema da luz — muito consciente das limitações e desconhecimentos, porém tomada de uma necessidade premente de analisar, apreciar e reconhecer o que temos em comum.

Existe um único Sol e, apesar de todas as nossas diferenças, uma única história humana com muitos fios e uma mesma preocupação com a sobrevivência de nosso planeta e a preservação da vida nele. Assistimos hoje a uma aproximação de nossas tradições e descobertas científicas e espirituais. Essa convergência parece ser o prelúdio de grandes mudanças que estão por vir em nosso próprio desenvolvimento neste planeta e em nosso universo. Por todas essas razões, parece ser a hora oportuna para nos voltarmos para a luz e refletirmos sobre a nossa história passada. Dessa maneira, podemos nos preparar melhor para o que está por vir.

Alguns anos atrás, eu perambulava pelas lojas de Almora, nas encostas do Himalaia. Era o *Divali*, o Festival Hindu da Luz e, em todos os lugares, até mesmo nas bocas dos sacos de cereal e peças inverossímeis de maquinário agrícola, havia velas. Eu vi quando uma menininha agachou-se junto de um saco de cereal, o olhar fascinado pela chama dançante da vela como se estivesse se reconhecendo nela. Ela tremia de curiosidade, tomada por um largo sorriso de excitação. Naquele momento, ela e a chama estavam fundidas num único ser.

Os anos se passaram. O mistério da luz não perdeu a força. Pelo contrário, tornou-se cada vez mais motivo de fascínio, gerando sua própria fome e satisfazendo os apetites mais vorazes das maneiras mais surpreendentes.

Quando criança, eu estudava numa escola de freiras e adorava as velas do altar nas noites de domingo. Elas proporcionavam uma sensação de silêncio profundo e de santidade. Ressoavam as imponentes palavras do Credo: "Deus de Deus, Luz da Luz" e o relato da Transfiguração de Jesus quando brilhou diante dos discípulos na montanha. Até hoje, o dia 6 de agosto, o da Transfiguração do Senhor, é importante para mim. Sei também que é o dia do aniversário de Hiroshima e da explosão da bomba atômica. De alguma maneira, a justaposição desses dois eventos contém em si uma importante e inevitável polaridade.

Mais tarde soube que Jesus havia dito que não apenas Ele era a Luz do mundo, mas *nós* também. Essa verdade profunda ampliou-se para mim quando estudei primeiro cromoterapia e depois radiônica e aprendi que a ciência já era capaz de demonstrar o que Jesus e os iogues indianos antes dele diziam ser verdade — que somos de fato seres de luz. Como permanecer sendo e tornar-me cada vez mais um ser de luz tornou-se uma questão vital para mim, especialmente por eu ter tido a sorte de encontrar pessoas maravilhosas que irradiam tanta alegria e verdade. Para mim, um dos resultados de minha busca foi a fundação com outros do Light Information for Growth and Healing Trust (LIGHT), que organizou a conferência internacional LIGHT '98 na Reading University. Temos planos a longo prazo de criar uma "Universidade da Luz", usando os meios de informação oferecidos pelo desenvolvimento da fibra ótica, que é uma tecnologia da luz.

Por isso, este livro em parte reflete a minha própria jornada, uma vida inteira, parece, atravessando pontes em busca de novas perspectivas — do Oriente para o Ocidente e retorno, da razão para a intuição, da prática para a contemplação, da tradição para a "margem" e, na realidade, às vezes para "fora do planeta". Ainda assim, ambos os lados existem em nosso mundo, e a vida e o crescimento formam a relação entre os dois — tensa, vibrante, criativa e impossível de ser negada. Cada ponte tem sua própria linguagem — palavras, sons, cores, símbolos, sentimentos e formas — mas todas têm uma mesma consciência e levam a territórios recíprocos. Portanto, atravessar uma ponte é como estar no mesmo país, mas onde as pessoas falam outra língua e descrevem sua realidade com símbolos que, embora não pareçam, são de alguma maneira ressoantes.

A linguagem da ciência não corresponde diretamente à linguagem da arte, nem as percepções de um xamã das geleiras da Sibéria são óbvias para um clérigo da Igreja Anglicana, assim como o inglês e o hindi não são imediata e mutuamente entendidos. Entretanto, o diálogo está sendo travado e, com este livro, pretendemos dar uma contribuição a ele. Tentaremos nele transpor as disciplinas de uma maneira que estimule um modo de pensar flexível e uma nova abordagem que seja abrangente. Talvez ele nos desafie a quebrar os condicionamentos para que possamos mudar os sistemas de valores ultrapassados e avançar livres do que é secundário para um mundo de mudanças rápidas. É esse abandono do que é secundário e o foco com confiança no que é essencial que nos tornará preparados para o que está por vir.

Parece que chegou a hora de olhar de uma maneira mais holística para todos os nossos métodos de construir pontes, com base na verdade de a luz ser a própria fonte da vida de todos nós e o próprio meio de nossa comunicação.

Este livro tem como propósito estimular uma maior compreensão e capacidade de análise, reconhecimento e, esperançosamente, o abandono dos padrões de pensamento condicionados e preconceituosos. Alguns capítulos formam relações incomuns com outros, mas talvez essa própria justaposição venha nos libertar das convicções às quais podemos estar nos agarrando, mais por motivos de segurança pessoal e conveniência do que por ser necessária e indispensavelmente verdadeiras. Talvez dessa maneira estejamos criando paradigmas mais apropriados para o nosso tempo.

Apesar de estar consciente de essa escolha pessoal ser tendenciosa, eu espero que *O Poder de Cura da Luz* venha ajudar outras pessoas a fazerem suas próprias escolhas enquanto atravessam suas próprias pontes, levando-as a celebrar a alegria de viver e viajar na luz em direção ao futuro.

Ao iniciarmos nossa jornada, não poderia haver encorajamento mais apropriado do que as palavras do Rei Davi, utilizadas como lema da Oxford University: *Dominus illuminatio mea* — o Senhor é minha Luz.

# 1
# O que é luz?

**A luz é a única realidade.**

*O Livro Tibetano dos Mortos*

O que é luz? Estranhamente, não podemos vê-la, embora seja ela que nos possibilita ver. Como o vento, podemos percebê-la apenas por sua relação com uma pessoa ou lugar. Vemos a luz que vem do Sol, da Lua ou da estrela Polar, de um vaga-lume no jardim ou de uma vela na janela. Vemos a luz refletida sobre um lago, uma relva, um rosto de criança. Como o vento, a luz está sempre em movimento. É uma energia movendo-se a uma velocidade e regularidade integradas a nossos próprios ritmos.

O processo de questionar, observar e tentar interpretar o fenômeno da luz tem uma longa e fascinante história, retrocedendo a pelo menos 2.500 anos no Ocidente. As origens das últimas descobertas no campo da física da luz podem ser encontradas nos cientistas-filósofos gregos que, a partir do ano 500 antes de Cristo, sem nenhuma tecnologia, demonstraram ter incríveis poderes de observação e intuição.

## A VISÃO CLÁSSICA

Desde o princípio dos tempos a luz foi considerada divina. Sua fonte, o Sol, era adorado como um deus, predominantemente masculino, em todas as culturas do mundo, embora em alemão a palavra que o designa seja feminina e até hoje exista um culto japonês a Amaretsu, a Deusa do Sol.

Foram os gregos que ousaram questionar as normas religiosas aceitas. Numa sociedade que considerava Zeus supremo nas questões humanas, e Apolo a personificação do Sol, era corajoso o homem que afirmasse ser o Sol uma rocha incandescente, mas Anaxágoras, 500—428 a.C., afirmou que o Sol, a Lua e as estrelas eram todos rochas. Por isso ele foi para sempre banido de Atenas, por irreverência. Muitos séculos depois, Galileu (1564—1642) confirmou que o Sol era uma rocha e que, por suas manchas solares, era imperfeito. A Igreja de seu tempo, que considerava o Sol como divinamente perfeito, ficou horrorizada, mas seu preconceito teve de acabar curvando-se diante do telescópio de Galileu.

Retornando a Anaxágoras, ele também disse ser a mente o agente todo-abrangente do processo de formação e criação dos objetos materiais. Podemos ver nessa afirmação as sementes das pesquisas atuais nos campos da consciência, do cérebro e da localização da mente.

Por volta do ano 400 antes de Cristo, Heráclito, de Éfeso, já afirmava que tudo estava em constante movimento — "Nunca entramos duas vezes no mesmo rio" — antecipando muito da física quântica de hoje, onde tudo é percebido como uma cadeia de movimentos energéticos. Heráclito também acreditava que o fogo fosse o principal elemento que constitui o mundo, a energia essencial do corpo e do espírito — estando o fogo externo do Sol e o fogo interno do coração ou espírito essencialmente ligados.

Nas cidades gregas do sul da Sicília, Empédocles ensinava, por volta de 450 a.C., que o princípio do amor une e o princípio do ódio separa. Ele também acreditava que nossos olhos "irradiam um fogo interior sutil através do líquido dos olhos" e que é essa a origem da visão. Os gregos achavam que nossos olhos haviam sido criados por Afrodite, a

Deusa do Amor, a partir dos quatro elementos — terra, fogo, ar e água — numa harmonia de percepção. Isso, com certeza, tem relação com aquilo que conhecemos como "a beleza está nos olhos de quem vê" e que diz que para quem olha com amor, todas as coisas são belas.

Platão (427—347 a.C.), discípulo de Sócrates, também escreveu algo semelhante sobre a luz:

> "...o fogo dos olhos faz surgir neles uma luz suave. Essa luz interior funde-se com a luz do dia, formando um único corpo de luz. Esse corpo, uma fusão da luz interior com a exterior, forja uma ligação entre os objetos do mundo e a alma — uma ponte ao longo da qual os movimentos sutis de um objeto externo podem passar, causando o sentido da visão."[1]

Platão referia-se também aos cinco sólidos básicos, que são hoje conhecidos como os Sólidos Platônicos, as estruturas básicas que formam o tetraedro de quatro faces, o hexaedro de seis faces, o octaedro de oito faces, o dodecaedro de doze faces e o icosaedro de vinte faces. É interessante notar que todos eles têm relação com as explorações atuais de outras dimensões da consciência.[2] Nós vivemos na terceira dimensão, mas os físicos perceberam a possibilidade de existirem no mínimo dez dimensões, se não mais. A matemática disso tudo não era desconhecida dos gregos nem, eu acrescentaria, dos sábios da Índia.

Um dos matemáticos gregos mais influentes foi Euclides de Alexandria (305—285 a.C.). Ele já estava começando a desviar-se da idéia de que a visão era um processo essencialmente subjetivo, um movimento que ia do olho para o mundo. Embora Euclides acreditasse que um raio visual saísse do olho, ele afirmou em seu brilhante livro *Ótica* que esse raio visual era diferente do raio descrito tanto por Platão como por Empédocles. O raio visual de Euclides tornou-se uma linha reta que pode ser mensurada e comprovada geometricamente. Com isso surgiu a objetividade do método científico.

## OS SÁBIOS ÁRABES

No mundo clássico, primeiro Atenas e depois Alexandria, no Egito, foram os principais centros de cultura, mas o foco passaria em seguida para os países árabes que hoje conhecemos como Irã e Iraque.

Por que ocorreu essa mudança drástica? Com a expansão da Igreja Romana dentro do Império Romano, os que seguiam as doutrinas dos ditos filósofos "pagãos" eram denunciados como hereges perigosos. No ano 389 da nossa era, a grande biblioteca de Alexandria foi incendiada por cristãos revoltosos e destruído meio milhão de pergaminhos insubstituíveis. No ano 529, o imperador Justiniano fechou a Academia Platônica. Os Sete Grandes Sábios da Academia não tinham para onde ir. Acabaram indo para a Pérsia, para a corte do Imperador Khurso I em seu palácio de verão em Jundishapur. Ali, os atenienses foram acolhidos numa atmosfera de tolerância. As religiões predominantes, zoroastrismo e maniqueísmo (incidentalmente com sua própria apreciação da luz, especialmente a luz espiritual) eram tolerantes com outras religiões, tanto de outras partes do Oriente, hinduísmo e budismo, como também do Ocidente — cristianismo, judaísmo e paganismo.

Jundishapur era um centro de estudos, com uma escola de medicina e o primeiro hospital do mundo. No século VII de nossa era, com o surgimento do islamismo, tornou-se um centro de estudiosos que colecionavam e traduziam manuscritos gregos. Essa prática prosseguiu no século IX em Bagdá.

O estudo da luz seria levado adiante por Al Hazen, nascido em Basra no ano de 965. Seu importante tratado científico, *Ótica*, seria traduzido para o latim e, com isso, se tornaria a base para a pesquisa ótica na Europa. Al Hazen enfatizou a luz externa e negou toda e qualquer luz interior. Os olhos eram impotentes. Nada provinha deles. O olho era simplesmente um quarto escuro, uma *camera obscura*, na qual, como sugeriria mais tarde Leonardo da Vinci, se projetava uma imagem do mundo.

A partir de então toda a disciplina da ótica começou a se desenvolver por si mesma como a ciência da visão, um ramo da física que lida com as propriedades da luz.

Os matemáticos árabes começaram a estudar a obra de Euclides, que acabou levando à descoberta da perspectiva linear pelo grande arquiteto italiano Brunelleschi em Florença. O caminho estava agora aberto para o desenvolvimento da ótica geométrica, com raios, cones, medições de ângulos e, finalmente, para a obra do cientista-filósofo francês René Descartes (1596—1650), o homem que iria influenciar tão profundamente o grande cientista inglês Isaac Newton.

## TRÊS PIONEIROS DA LUZ NA IDADE MÉDIA

Mas antes de abordar René Descartes e Isaac Newton, devemos mencionar três figuras importantes.

Robert Grosseteste, consagrado bispo de Oxford em 1253 e autor de *Cosmogonia da Luz* (*De Luce*), erigido sobre o mundo das percepções platônicas — que o mundo é formado com base em números, proporções e formas geométricas, e que toda matéria é luz condensada. Ele procurou unir o platonismo à teologia cristã e aperfeiçoar a teoria da luz de Euclides. Nesse sentido, ele também foi influenciado por Al-Kindi, o primeiro importante filósofo do mundo islâmico. Grosseteste acreditava que tudo emitisse raios — estrelas, magnetos, fogo e som seriam todos irradiadores, enquanto acima dos reinos da Terra, dos minerais, plantas, animais e seres humanos, estariam as hierarquias angélicas, todas irradiantes. Sua obra foi a única obra de cosmogonia científica realizada no período que vai do *Timeu* de Platão até o século XVIII e constitui o princípio da matemática como ciência.

Devemos também mencionar Nicolau de Cusa, do século XIV, que falava de Revelação e Experiência (Estudo da Bíblia e da Natureza) como dois caminhos para a mesma fonte.

A principal ênfase recaía agora sobre o entendimento de que a matemática havia revelado um novo conceito — o da infinitude, equivalente a Deus. O Homem finito não consegue nunca alcançar o infinito e estará, portanto, perdendo seu tempo se tentar alcançar Deus por meio da matemática. Que ele examine o reflexo de Deus na natureza. Fica evidente que a antiga perspectiva religiosa estava gradualmente dando lugar a uma visão científica, cuja ênfase passava do universo moral para o universo material.

A última grande figura medieval nós já mencionamos associada a Anaxágoras. Galileu (1564—1642) com seu telescópio — "o instrumento do demônio", como foi chamado pela Igreja — invadiu o espaço "sagrado" com sua mente secular e científica. Ele fez tremer os alicerces da Universidade e da Igreja ao dizer-lhes que colocassem de lado as obras de Aristóteles e substituíssem seus ensinamentos por evidências claras, de natureza material e mecânica. O Sol era uma rocha e de maneira alguma perfeito, no entanto era o Sol, e não a Terra, o centro do universo. Luz? Não era Deus. Era um corpo e, como todos os corpos, possível de ser decomposto. Essa era uma idéia realmente revolucionária. O livro recente de Dava Sobell, *Galileo's Daughter* [A Filha de Galileu], baseado na correspondência entre os dois, é nesse sentido uma leitura fascinante.

## A DECOMPOSIÇÃO DA LUZ POR ISAAC NEWTON

Foi Isaac Newton (1642—1727), nascido no mesmo ano da morte de Galileu, que levaria adiante o trabalho de decomposição da luz. Antes de completar trinta anos, ele tornou-se professor lucasiano de matemática em Cambridge. Seu pensamento foi consideravelmente influenciado pela obra *Geometria* de René Descartes, apesar de ele confessar ter tido dificuldade para lê-la. Descartes (1569—1650), mais velho do que Newton, havia, em 1619, procurado possíveis ligações entre a ciência e a espiritualidade, falando da luz como "uma tendência para o movimento". Podemos ver aí o começo do que viria a se chamar "a teoria ondulatória" da luz, que acabaria derrubando a teoria da luz como um corpo, defendida tanto por Descartes quanto por Newton. Na realidade, a teoria ondulatória havia sido proposta pela primeira vez pelo físico holandês Christiaan Huygens (1629—1693), que escreveu: "A luz é uma matéria ígnea fluida que vem do Sol e volta para ele."

Entretanto, por ora, vamos retornar a Isaac Newton e ao corpo de luz. Como o homem brilhante que era, inventor do cálculo, Newton desenvolveu a teoria da gravidade e a teoria da luz e da cor. Ele demonstrou com um prisma que a luz decompõe-se em sete cores. No pensamento de Platão, a geometria situava-se a meio caminho entre a geometria plana, composta de triângulos e linhas que podem ser visualizadas, e aquilo que Platão chamava de mundo das formas ou idéias. Além desse mundo das formas estava o informe. A filosofia indiana faz a mesma distinção — o mundo das formas, ou *Rupa,* e além dele o informe, ou *Arupa,* uma área de quantidades infinitesimais. Incrivelmente, o cálculo de Newton possibilitou que os matemáticos entrassem no Arupa. Genial!

Entretanto, Newton considerava a luz como de natureza corpuscular, isto é, como tendo um corpo. Um raio de luz era a unidade fundamental ou átomo. De fato, ele sugeriu que luzes de cores variadas podiam ser pequenos corpos de diferentes tamanhos, os menores deles evocando o azul e o violeta e os maiores, o verde, o amarelo, o laranja e o

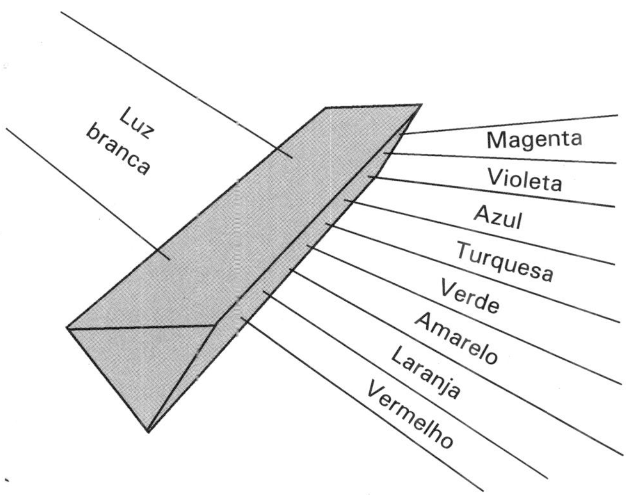


**A refração da luz através de um prisma**

vermelho. Em todo caso, ele considerava a luz segundo as leis do movimento aplicáveis a outros corpos. A dinâmica da luz era a mesma dinâmica do planeta.

Newton foi aclamado entusiasticamente, não menos na França, onde admitiu-se que "toda Paris estuda Newton", enquanto em seu país ele foi aclamado "o grande Colombo dos céus". Seu gênio matemático influenciaria profundamente o campo da física nos séculos seguintes.

## A "TEORIA ONDULATÓRIA"

A teoria da luz de Newton seria, no entanto, derrubada com o passar do tempo por Augustin Fresnel (1788—1827), que derrotou a "teoria corpuscular" (que a luz é um corpo que pode ser decomposto) com a "teoria ondulatória". A maioria dos físicos do século XIX considerava que a luz fosse uma vibração da matéria etérea. Exatamente como o som precisa do ar como meio, achava-se que a luz precisasse do éter material, através do qual viajava para todas as partes a uma velocidade de 297.600 quilômetros por segundo. Os físicos estavam à procura do éter. Se ele existisse, teria de ter substância; do contrário, não existia. O oposto da matéria era o espírito e negar que a luz ou o éter fosse de natureza material era regredir à visão pré-científica abominada, compreensivelmente, pelas mentes científicas da época. Mas por volta de 1900 estava ficando claro que o éter não existia. A luz não era uma ondulação do éter material, mas era de natureza ondulatória. O som é transportado pelo ar. O que transporta a luz?

Bem antes de as pesquisas da luz e do éter provarem-se improdutivas, em outro campo estava sendo desenvolvido um trabalho por alguém de quem viria um conceito revolucionário da luz e o começo da moderna "teoria do campo eletromagnético". Michael Faraday (1791—1867), apesar de suas origens pouco promissoras, tornou-se, na opinião de muitos, o mais importante cientista experimental de todos os tempos. Em 1813, por uma incrível série de acontecimentos, ele se tornou pupilo de *Sir* Humphrey Davy, presidente da Royal Society e principal químico da Inglaterra. Nos anos que se seguiram, o interesse de Faraday pelo som e pela luz foi comparável a seu trabalho com a eletricidade. Ele descobriu em seus experimentos que uma onda elétrica pode ligar circuitos distantes sem qualquer conexão material visível. Descobriu que fazendo-se um magneto entrar e sair de uma bobina, pode-se criar um pequeno circuito elétrico. Se o magneto é mantido parado, não há nenhuma corrente. Se é movido, produz uma corrente.

James Clerk-Maxwell (1831—1879) inspirou-se na obra de Faraday para apresentar, em 1864, o ensaio "Uma Teoria Dinâmica do Campo Eletromagnético", no qual todo conhecimento sobre eletricidade e magnetismo foi sintetizado naquilo que ficou conhecido como "As Quatro Equações de Maxwell" — uma síntese verdadeiramente importante. Bem no começo da investigação, luz e eletromagnetismo eram campos totalmente separados. Em seu ensaio, Maxwell vê tudo envolto não no éter material, mas pelo campo eletromagnético. Sua conclusão: "A luz é um distúrbio eletromagnético que se propaga pelo campo de acordo com as leis eletromagnéticas."

Luz, eletricidade e magnetismo passam a ser vistos como definitivamente interligados. A luz é uma onda eletromagnética. Suas vibrações ondulam pelo espaço — livres do éter.

## A CIÊNCIA DA COR

A luz estava sendo tratada na Inglaterra como parte de um universo mecânico. Na Alemanha, entretanto, o escritor Johann Wolfgang van Goethe (1749—1832) estava investigando a luz e a cor. Sua obra científica, menos conhecida do que sua obra poética, era a mais importante para ele. Goethe observou que as cores apareciam ao longo das linhas em que o claro e o escuro se encontravam e que ambos tinham a mesma importância. "As cores são filhas da luz e da escuridão", ele concluiria.

Goethe estava interessado em ajudar as pessoas a verem a luz espiritual no fenômeno físico. "Eu conheci a luz em sua pureza e verdade e considero meu dever persegui-la."[3]

O trabalho científico de Goethe com a cor seria prosseguido por Rudolf Steiner (1861—1925), que editou seus escritos científicos. A conferência de Steiner "Sol, Lua e Estrelas" de 1908 mostrou que ele considerava a luz como espírito e, como o bispo Robert Grosseteste 600 anos antes, pertencia a ambos os mundos da ciência e do espírito. Steiner acreditava que podia haver harmonia entre eles desde que a ciência não negasse um lugar ao espírito. Steiner via tudo como uma corporificação do Logos Cristão — a Palavra Divina.

Para Steiner, a teoria eletromagnética da luz em desenvolvimento na Inglaterra era um reflexo pálido da natureza muito mais abrangente da luz. Como Grosseteste, ele acreditava que os anjos em suas hierarquias eram reais, mas teria de enfrentar a oposição dos acadêmicos, do clero e, também lamentavelmente, dos fundamentos que iriam formar os primeiros grupos nazistas. Na noite de Ano Novo de 1923, o Goetheanum de Steiner, erigido em memória de Goethe em Dornach, na Suíça, foi incendiado. Steiner foi quase destruído por isso, mas continuou afirmando a união entre religião, ciência e artes com a fundação de uma Universidade de Ciências Espirituais.[4]

## TERMODINÂMICA E MECÂNICA QUÂNTICA

Na Inglaterra e na Alemanha no final do século XIX, os cientistas estavam explorando a ligação entre calor e cor e descobrindo que além do espectro visível havia "cores invisíveis". Em uma extremidade, abaixo do vermelho e desprendendo calor, estava o "infravermelho". Na outra extremidade, acima do violeta, de natureza química e sem desprender calor, estava o "ultravioleta". O ultravioleta possibilita a fotossíntese (absorção da luz) nas plantas e o bronzeado de sol nos seres humanos. Estava criado o sistema da termodinâmica.

Achava-se que com esse sistema e a teoria eletromagnética de Maxwell seria muito fácil dar conta das cores do espectro da chama de uma vela. Mas não foi. Essa descoberta, porém, acabou resultando no desenvolvimento por Max Planck e Albert Einstein da teoria da mecânica quântica.

De acordo com essa teoria, uma temperatura baixa emite apenas energia vermelha e uma temperatura alta, apenas azul. A vela tem temperatura baixa e emite apenas energia vermelha. Se existe uma diferença em energia entre o vermelho e o azul e energia é luz, então a luz tem de poder ser quantizada em partículas, quanta ou fótons (unidades de intensidade da luz). Isso levou Einstein a acreditar que o próximo estágio do desenvolvimento da física teórica iria "nos trazer uma teoria de que a luz pode ser interpretada como uma espécie de fusão das teorias ondulatória e da emissão de partículas".[5]

Enquanto Einstein desenvolvia sua Teoria da Relatividade, insistindo que não havia nenhuma causa absoluta para o movimento nem qualquer versão indiscutivelmente verdadeira de qualquer evento, ele mostrou que duas ou mais respostas podiam ser provadas como verdadeiras dependendo de onde elas eram dadas. Da luz, ele disse: "O que são quanta (frações) de luz? É claro que hoje em dia qualquer velhaco acha que sabe a resposta, mas está enganando a si mesmo."[6]

## A PESQUISA ATUAL

Não existem hoje, portanto, quaisquer respostas que sejam mais definitivas? Existem dois homens cuja obra tem sido vital para o pensamento atual. John Bell, que morreu em 1990, demonstrou em seu *Teorema* que as cadeias do pensamento são mais velozes que a luz e que a mecânica quântica continha a semente de sua própria destruição.[7] (Ver Notas.) O físico David Bohm observou que simples fótons parecem escolher onde se colocarem. Ele propõe a existência de uma espécie de "campo fantasma" sensível a toda mudança, mas não diretamente detectável por meios físicos. Ele chama isso de "potencial quântico". Ele desenvolveu a teoria da "ordem implícita", na qual todos os acontecimentos em todos os níveis podem ser explicados onde quer que ocorram, se concebidos como parte do todo. A "ordem implícita" significa interligação, sentido e totalidade. A polêmica entre objetividade e subjetividade teve suas bases alteradas. Ambas as ênfases podem ser incluídas. Foi criado um novo paradigma.

Este capítulo tem também de fazer referência à obra de Walter Russell, o homem que foi proclamado o Galileu de nossa era, cuja cosmogonia da luz é avançada demais para a maior parte da ciência contemporânea.[8]

Se a luz é energia, ela é consciente. Se a luz é consciente, ela é vida. É luz viva. Estamos de volta a Anaxágoras.

O Estudo da Consciência, "magnetismo da alma", como alguns o chamam, será uma área da maior importância no novo século. A exploração já está sendo realizada. A luz tem uma relação essencial com número, forma, som e consciência. Estamos apenas começando a compreender isso. Na verdade, a ciência moderna pode estar descobrindo as dimensões que os antigos sábios, do Oriente e do Ocidente, já conheciam há séculos.

# 2
# O Sol: fonte da luz

**"A forma mais pura do corpo físico externo do Logos é a luz do Sol. A luz solar não é apenas luz material. Para a percepção espiritual ela é também a vestimenta do Logos. Na luz do Sol o espírito flui para a Terra, o espírito do amor[...] Junto com a luz solar física jorra o amor cálido de Deus pela Terra."**

*Rudolf Steiner*

A principal fonte de nossa luz é o Sol, com seu curso diário de nascimento e ocaso, e seu ciclo sazonal, com aumento e redução das horas do dia. Também nós seguimos ritmos naturais de trabalho e repouso, de criação e renovação. Nosso coração, situado no mesmo ângulo de 23½ graus com relação ao nosso corpo que a Terra em relação ao Sol, está em harmonia com a Terra e com nosso lugar no sistema solar. Até mesmo a palavra "soul" (alma ou espírito em inglês) é um eco da palavra Sol e reflete um Sol interior com ritmos próprios, que nos dá um senso de identidade e propósito.

Na vastidão do universo nosso Sol é uma estrela bastante comum. É classificada pelos astrofísicos como "uma anã G2 amarela de idade mediana". Existem estrelas de tamanho 100 vezes maior e outras com um quinto de seu tamanho. Seu tamanho é médio. Não tem nada de especial. Não pode ostentar o tamanho e a beleza de estrelas como a Betelgeuse, a enorme estrela vermelha da constelação de Órion. No entanto, para nós na Terra, nossa vida depende dela. Se fosse maior e mais brilhante, poderíamos não estar aqui.

## BELEZA E PERIGO

Entretanto, a exploração do espaço realizada na segunda metade do século XX demonstrou que o espaço em geral e o nosso sistema solar em particular são ambos belos e perigosos. Desde maio de 1973, quando a Agência Espacial Norte-Americana (NASA) lançou o Skylab — um observatório solar do tamanho de um vagão de trem — a uma altura de 430 quilômetros acima das nuvens, equipado com telescópios e câmaras de televisão, temos informações sobre explosões solares, bolas de plasma solar lançadas no espaço, manchas e ventos solares letais.

O Sol é um gerador nuclear que funde átomos de hidrogênio e produz hélio, como fazem todas as estrelas, que depois de milhões de anos se transformam inteiramente em hélio. Neste momento, o Sol está a meio caminho dessa transformação.

Um subproduto dessa conversão do hidrogênio em hélio é a radiação letal de alta energia em forma de raios gama, raios X, luz ultravioleta, luz infravermelha e luz solar. Apenas 40 por cento da radiação do Sol é luz visível, percorrendo os 93 milhões de milhas do Sol até nós em oito minutos à velocidade da luz, ou seja, 297.600 quilômetros por segundo.

A composição do Sol — ferro, carbono, silício e hidrogênio — está refletida na composição de nossos próprios corpos. Necessitamos da luz e do calor do Sol, mas em doses moderadas. Felizmente, somos protegidos dos efeitos maléficos da radiação solar pela atmosfera terrestre, nosso escudo magnético. Ela filtra o que precisamos, embora ocasionalmente passe o que não deveria, fazendo explodir o circuito elétrico de toda uma cidade.

Em dezembro de 1995, a Agência Espacial Européia participou com a NASA do lançamento do Solar and Heliospheric Observatory (SOHO), que não apenas envia diariamente milhares de imagens da superfície do

Sol para cientistas de todo o mundo, mas também monitora os sons vindos das profundezas do Sol — o ressoar, pulsar e ecoar do grande astro. O SOHO detectou ventos a uma profundidade de 15.000 quilômetros no interior do Sol, movendo-se do equador para os pólos. Mediu os tremores do Sol e atualmente está empenhado em entender o relógio magnético do Sol e o ciclo de onze anos. A cada onze anos, a atividade solar atinge seu ponto máximo e então volta a acalmar-se. Atualmente, no ano 2000, ele encontra-se em sua atividade máxima.

## O SOL: FONTE DA VIDA

Assim como a luz é necessária para o crescimento das plantas e das árvores, para a vida dos animais, dos insetos e dos pássaros, ela é essencial para nós. As plantas se desenvolvem pelo processo da fotossíntese (*photo* significa "luz" em grego), absorvendo luz. Igualmente nós precisamos absorver luz e fazemos isso por instinto. O Sol nos atrai para fora de casa e simplesmente senti-lo no rosto por alguns minutos pode nos fazer sentir muito melhor. Precisamos da luz do Sol para fortalecer os ossos e os dentes. Sem ela, as crianças podem ficar raquíticas e perder dentes. Sem saber, podemos sofrer de falta ou deficiência de luz, da mesma maneira que podemos sofrer de desnutrição por falta de comida.

## A LUZ DO SOL CURA

Os médicos sabem há muito tempo que a luz do Sol é um nutriente e um remédio particularmente eficaz para a tuberculose e feridas profundas na pele. É também benéfico para quem sofre de osteoporose, fraqueza imunológica e depressão de inverno, que pode começar no outono e ir até a primavera seguinte, quando o dia volta a ter mais horas de luz.

Nas décadas de 1920 e 1930, o doutor Auguste Rollier (1874—1954) foi pioneiro na construção de sanatórios especiais no alto dos Alpes suíços e na introdução de "banhos de sol" em sua própria clínica para tuberculosos em Leysin. Ele tornou-se o mais célebre praticante da "helioterapia" (*helios* é a palavra grega que significa "sol"). Foi só com o surgimento da penicilina em 1938 e a expansão da indústria farmacêutica que os médicos começaram a prescrever medicamentos em lugar da benéfica e gratuita luz solar. Hoje, com o ressurgimento da tuberculose no mundo ocidental, os benefícios da luz do Sol estão sendo redescobertos.[1]

Outro médico que reconheceu as propriedades terapêuticas da luz solar foi o dr. Bates, oculista que trabalhava em Nova York no começo do século XX para melhorar naturalmente a visão. Ele criou um conjunto de exercícios que possibilitava a seus pacientes tomar o máximo de sol possível. Entre esses exercícios estavam incluídos períodos de "exposição ao sol", olhando para o Sol com as pálpebras fechadas, de colocação das palmas das mãos sobre os olhos para que descansassem na escuridão, além de exercícios de piscar e mover os olhos, como também de fechar um olho e ver com o outro. Ele treinou seus pacientes a focalizarem com e através do centro da visão nos olhos, a *fovea centralis*. Ele acreditava que com isso e os exercícios de apoio, eles não precisariam absolutamente usar óculos. O livro atual do dr. Jacob Liberman, *Take Off Your Glasses and See,* leva adiante as convicções do doutor Bates.[2]

## COMO A LUZ É RECEBIDA PELO OLHO

A luz visível, como já observamos, é apenas uma pequena parte do espectro total de raios que chegam até nós vindo do Sol e de outras partes do universo. O espectro visível, formado de todas as cores do arco-íris — vermelho, laranja, amarelo, verde, azul, índigo e violeta —, é medido em nanômetros (nm). Um nanômetro é um bilionésimo de um metro. Essas cores são divididas em aproximadamente 700 faixas ou comprimentos de onda que vão de 290 a 990 nanômetros. O verde, por exemplo, consiste de 70 diferentes comprimentos de onda numa faixa que vai de 490 a 560 nanômetros.

Os raios de luz entram pelas pupilas dos olhos e instalam-se na retina no fundo de cada olho, criando uma imagem invertida em duas

| Comprimentos de onda medidos em nanômetros (Nm) | | |
|---|---|---|
| | Raios gama, raios X | |
| 0,1 | | |
| | UVC | Luz ultravioleta |
| 290 | | |
| | UVB | Luz ultravioleta |
| 320 | | |
| | UVA | Luz ultravioleta |
| 380 | | |
| | Luz visível | |
| 780 | | |
| | Radiação infravermelha | |
| 1.000.000 | | |
| | Microondas — Ondas de rádio | |

| **Comprimentos de onda curta** | **Alta freqüência** |
|---|---|
| Raios cósmicos | Raios de rádio |
| Raios gama | Raios X duros — Raios Grenz |
| Raios X | Raios eritemáticos (que causam eritema) — Raios fluorescentes |
| Luz ultravioleta | Magenta<br>Violeta<br>Azul<br>Turquesa<br>Verde<br>Amarelo<br>Laranja<br>Vermelho |
| Luz visível | Raios que irradiam calor — Raios fotográficos |
| Raios infravermelhos | Rádio FM, televisão, radar — Banda de onda curta — Transmissão comercial |
| Ondas de rádio | |
| **Comprimentos de onda longa** | **Baixa freqüência** |

**O espectro eletromagnético**

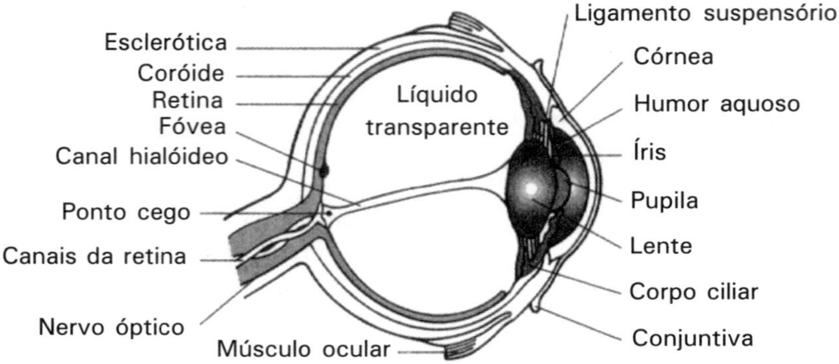
Ligamento suspensório
Esclerótica
Coróide
Retina
Fóvea
Canal hialóideo
Ponto cego
Canais da retina
Nervo óptico
Líquido transparente
Córnea
Humor aquoso
Íris
Pupila
Lente
Corpo ciliar
Conjuntiva
Músculo ocular

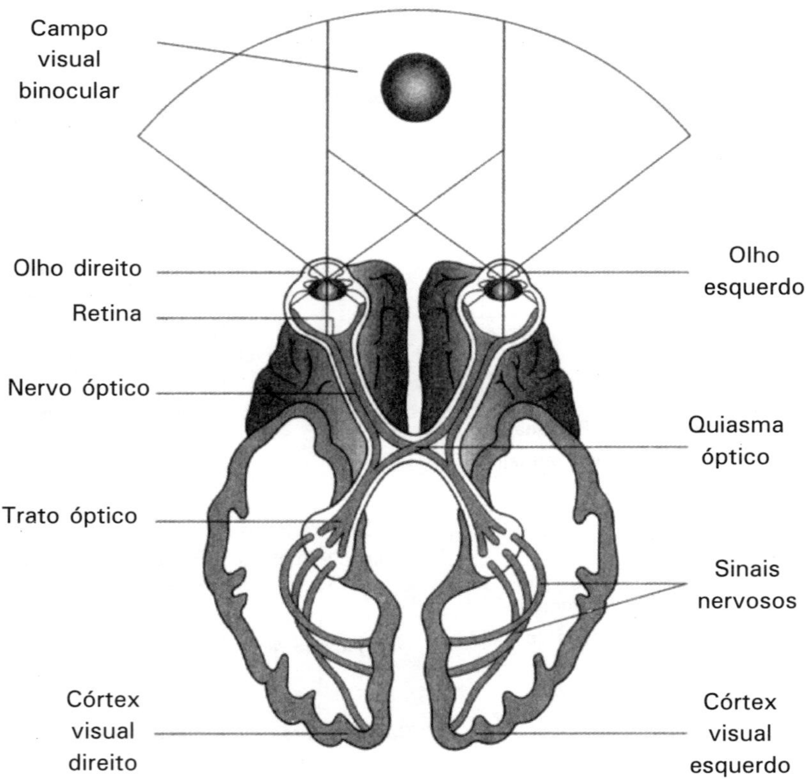
Campo visual binocular
Olho direito
Retina
Nervo óptico
Trato óptico
Córtex visual direito
Olho esquerdo
Quiasma óptico
Sinais nervosos
Córtex visual esquerdo

**O olho**

dimensões. Essas imagens são convertidas em impulsos elétricos e levadas através do nervo óptico de cada olho, via quiasma óptico, a várias partes do cérebro, especialmente os centros visuais da parte posterior do cérebro, onde são invertidas e interpretadas.

No interior da retina existem dois tipos de células nervosas ou receptores:

- Bastonetes (três milhões), no centro da retina, discernem luz e escuridão, forma e movimento, e são responsáveis pela visão noturna.
- Cones (dez milhões), na periferia da retina, são de três tipos, cada um possibilitando uma resposta a um diferente comprimento de onda — verde, vermelho, azul. O olho consegue distinguir 7.500.000 matizes, mas se faltar na retina um único grupo de cones sensíveis à cor, a pessoa torna-se incapaz de distinguir as cores e pode ser classificada como daltônica. Comumente, o daltonismo é usado para designar a incapacidade de distinguir entre o vermelho e o verde — extremamente importante nos sinais do trânsito. Esse distúrbio é mais comum nos homens do que nas mulheres.

## DISTÚRBIO EMOCIONAL SAZONAL — A DEPRESSÃO DE INVERNO

Esse distúrbio, que recebeu essa designação em 1981 do dr. Norman Rosenthal, que estudou a relação entre a luz e o cérebro humano durante os últimos vinte anos, como fez também o dr. George Brainard, consultor da NASA em Ambientes Espaciais, é conhecido de muitas pessoas que sofrem de depressão, para as quais a palavra SAD* é simplesmente mais do que apropriada. De novembro a março (no hemisfério norte) as pessoas que sofrem desse mal podem ficar reduzidas a uma quase total inatividade em função da pouca quantidade de luz so-

---

* Essa sigla corresponde tanto às iniciais de *seasonal affective disorder*, ou "distúrbio emocional sazonal", quanto ao adjetivo "triste" ou "deprimido". (N. da T.)

lar. O número de mulheres que sofre desse mal é quatro vezes maior do que o de homens. Há pouca motivação para levantar-se pela manhã ou até mesmo para viver. Pouco apetite sexual, comida em excesso para compensar e o inevitável aumento de peso agravam o estado deplorável dessas pessoas. Uma mulher disse que gostaria de ser simplesmente um urso — hibernar e acordar na primavera. Qual é a causa desse distúrbio, tão comum no norte da Europa e na América do Norte?

## A glândula pineal e a melatonina

Como já vimos, dependemos da luz do Sol para viver. Ela chega ao nosso cérebro através dos olhos e é controlada por uma glândula extremamente importante, a glândula pineal, que na realidade funciona como um medidor de luz. Essa glândula controla a puberdade e influencia nossos padrões de sono. Ela secreta um hormônio chamado melatonina (*mela* significa "escuro" ou "preto"), que induz à hibernação e ao sono. Com pouca quantidade de luz solar, os níveis de melatonina são altos tanto durante o dia quanto à noite. A luz solar, entretanto, suprime a melatonina. Fomos, afinal, programados para ser ativos durante o dia e dormir durante a noite. Nossos ancestrais viviam de acordo com os ritmos naturais do Sol, da luz e das trevas, como continuam fazendo muitas pessoas em todo o mundo. Na realidade, esse era o padrão que todos nós seguíamos até 1879, quando Thomas Edison inventou a lâmpada elétrica, mostrando que a noite podia virar dia. Esse fato por si só causou uma tremenda revolução na sociedade. Particularmente nas cidades, surgiu um novo estilo de vida em espaços fechados com um grau elevado de *stress* e duvidosa vantagem para o comércio, como se fosse possível trocar a luz do Sol pelo trabalho diuturno.

Mas a lâmpada incandescente nos deu outro recurso para o tratamento do distúrbio emocional sazonal. A luz solar suprime a melatonina, mas o mesmo pode fazer a luz de uma "caixa luminosa". A "terapia da luz radiante", como é chamada, pode elevar o ânimo e também foi comprovada como benéfica para os portadores de distúrbios alimentares e para pessoas em processo de desintoxicação de drogas e álcool. Essas "caixas luminosas" são encontradas cada vez mais facilmente. Existe até mesmo um simulador do amanhecer — um relógio que vai clareando aos poucos antes de disparar o alarme para que a pessoa acorde de acordo com seu próprio amanhecer.

Pesquisas demonstraram que a luz viaja até o hipotálamo, uma área do cérebro rica em serotonina, que influencia a secreção da melatonina. Os níveis de serotonina são mais baixos no inverno e são estimulados pela luz para controlar a melatonina.

Existem "caixas luminosas" tanto para uso pessoal como para uso em clínicas. A intensidade mínima requerida para a fototerapia (terapia da luz) é de 2.500 lux — o equivalente a um dia claro de primavera. Um lux é a capacidade de iluminação de uma vela. Cerca de 85 por cento dos pacientes encontram alívio parcial ou total para seus sintomas depois de um período de duas horas (ou de uma hora, no caso de 1.000 lux) de exposição à lâmpada. O tratamento tem mais efeito logo depois do despertar e as sessões podem ser distribuídas pela manhã e à noite, embora não tarde da noite. Os pacientes que começam o tratamento no outono, quando seus sintomas são fracos, são encorajados a fazer uma caminhada diária ao ar livre e a aumentar os níveis de iluminação de suas casas.

Uma "caixa de luz" pode ser do tamanho de uma mala contendo seis tubos fluorescentes de cerca de 40 watts de potência, criando o equivalente a 2.500 lux, um quarto da luminosidade de um dia ensolarado de verão.[3]

## UMA IMITAÇÃO DO SOL: A LUZ DE REFLEXÃO TOTAL

A luz de reflexão total contém toda a seqüência de cores do arco-íris com um nível de luz ultravioleta correspondente à luz natural do dia. Existem várias versões dessa iluminação e algumas, particularmente a "fluorescente branca fria", devem ser evitadas. A fluorescente branca fria tem amarelo e laranja demais e vermelho ou azul de menos.

Na maioria das casas, a iluminação é deficiente na extremidade verde/azul do espectro. Ela está concentrada na extremidade laranja/vermelho para causar um efeito "aconchegante". Isso é, obviamente, de nossa escolha, mas em espaços públicos de trabalho e lazer, como escolas, hospitais, presídios, escritórios e centros de recreação, é importante haver uma iluminação de reflexão total. Pesquisas comprovaram a ligação entre a hiperatividade das crianças e seus níveis de perda de dentes com a fraca iluminação nas salas de aula e que melhoraram com o uso da iluminação de reflexão total.[4]

## JOHN OTT: PIONEIRO NA PESQUISA DA LUZ

O maior pioneiro na pesquisa da luz de nosso tempo é John Ott, hoje com mais de noventa anos. Banqueiro bem-sucedido de Chicago por vinte anos, ele passou a se interessar pelo novo campo da fotobiologia por meio de seu passatempo, que era a fotografia. Já em 1927, ele estava trabalhando nos documentários de Walt Disney sobre a natureza com seqüências especiais de espaços de tempo mostrando flores desabrochando e frutas amadurecendo. Ele passava seu tempo livre fotografando plantas sob iluminação fluorescente no porão de sua casa e estimulando o crescimento de mudas de plantas. Ele ficou intrigado com a influência que as diferentes ondas de luz exerciam sobre o crescimento das plantas. Em *My Ivory Cellar*, publicado em 1958, ele cita o caso da abóbora teimosa que produzia flores ou inteiramente fêmeas ou inteiramente machos, dependendo do tipo de iluminação que recebia.

Ott realizou essa mesma pesquisa também no mundo animal.[5] Ele apresentou suas descobertas na Loyola University de Chicago, que lhe concedeu um doutorado em Ciências. Para coordenar seus estudos continuados sobre como a luz pode melhorar a saúde de plantas e animais — e eventualmente as condições fisiológicas do homem — ele fundou então o Environmental Health and Light Institute.

A obra de Ott foi recebida com uma indiferença polida pela comunidade científica, mas o grande público começou a ouvir suas teorias de iluminação indevida, que impomos a nós mesmos com coisas como janelas de vidros escurecidos, pára-brisas e óculos escuros que nos privam da luz de reflexão total da qual necessitamos. Nos últimos cinqüenta anos, a "síndrome das três telas" (cinema, televisão e computador) confinou a espécie humana a espaços fechados e privou-a dos ambientes de luz natural. John Ott criou um sistema de iluminação interior que imita a reflexão total da luz solar.[6]

## LUZ SOLAR SEGURA: A POLÊMICA EM TORNO DO ULTRAVIOLETA

A obra de Ott influenciou diretamente a de Jacob Liberman, cujas pesquisa e vida pessoal põem em relevo sua preocupação com o quanto o Sol deve ser valorizado, a fonte de vida em nosso sistema solar. Liberman concluiu seu doutorado em optometria na University of Georgia em 1973 e seu PhD em Vision Science por sua obra pioneira em fototerapia. Ele fez palestras por todos os Estados Unidos e Europa e tratou bem mais de 15.000 pessoas com dificuldade para aprender e com traumas emocionais, de executivos a atletas olímpicos. É uma figura preeminente no mundo da ciência holística da visão e um patrono do LIGHT Trust. Seu livro, *Light: Medicine of the Future,* é um clássico sobre a importância da luz solar e a necessidade de iluminação artificial adequada.

Liberman apresenta os benefícios da luz ultravioleta em uma atmosfera de medo que procura bani-la a qualquer preço com o uso de óculos escuros, protetores solares e vidros coloridos.[7] Apesar de concordar com o dr. Ott que o excesso de luz ultravioleta é prejudicial, Liberman observa que todos nós precisamos de uma quantidade básica de UV para garantir a vida e um sistema imunológico saudável. Entre os benefícios estão a criação da vitamina D, que necessitamos para absorver o cálcio e outros minerais presentes em nossa alimentação. A UV reduz a pressão sangüínea, aumenta a eficiência do coração, reduz o colesterol, ajuda a reduzir o peso, aumenta o nível de hormônios sexuais, ativa o hormônio cutâneo solitrol, que junto com o hormônio melatonina da glândula pineal atua no sentido de controlar as reações do corpo à luz e à escuridão, além de ser um tratamento eficaz para a psoríase, a tuberculose e a asma.

O dr. Liberman afirma que a questão com respeito à luz UV tem sido exagerada além da conta e que se criou uma paranóia entre as pessoas quanto aos efeitos nocivos do sol. Ele recomenda as seguintes medidas de bom senso: Passar no mínimo uma hora por dia, faça chuva ou faça sol, exposto à luz solar, sem óculos escuros nem protetores solares. Quatorze de dezessete protetores solares, segundo a Food and Drug Administration*, podem ser carcinógenos se usados ao sol e conter o ácido paraminobenzóico (PABA), destinado a bloquear as radiações ultravioletas.[8] Evitar expor-se ao sol no período entre 10 e 14 horas e não olhar diretamente para o Sol. Se necessitar de óculos escuros para reduzir a intensidade da luz solar, usar lentes neutras de cor cinza.

## VIVER DE LUZ: ALIMENTAÇÃO ESPIRITUAL

Assimilar a luz do Sol inclui, obviamente, toda a alimentação, desde comer alimentos cultivados organicamente e colhidos recentemente até não ingerir nada, nem sólidos nem líquidos, mas viver apenas de luz, como fazem os *breatharians.*** Milhares de pessoas na Europa, nos Estados Unidos e na Austrália estão vivendo, pelo que dizem, vidas plenas e saudáveis, nutrindo-se apenas do *prana,* a energia vital que os iogues extraem do interior de si mesmos em períodos de jejum. Esse não é mais um culto extravagante à saúde, tão em voga, mas um caminho espiritual. O livro de Jasmuheen, *Living on Light* (Viver de Luz), explica o processo pelo qual isso tanto é possível como, para alguns, desejável. A experiência e a lição que ela transmite merecem ser levadas a sério. Elas são importantes, afirma-se, para a solução do problema da fome no mundo.

Vale a pena também considerar por que comemos e que papéis a comida e a bebida exercem na nutrição. Qual é a nossa meta na vida e o que a alimenta? Se nossa meta é espiritual, talvez devêssemos nos ali-

---

* Órgão do governo dos Estados Unidos voltado para o controle de alimentos e medicamentos. (N. da T.)

** Movimento cujos participantes vivem de luz. (N. da T.)

mentar do espírito e explorar o que os iogues e outros chamam de "jejuar em favor da saúde". As pessoas que buscam sustento em seus recursos espirituais parecem às vezes ser mais aptas e cheias de energia do que as que comem e bebem de acordo com os padrões convencionais. Para isso, é importante saber o que é o *prana* e as correntes prânicas em nosso sistema. Voltaremos a esse assunto mais adiante.

## RITMOS E CICLOS DA LUZ

Falamos muito sobre o Sol, mas existem outras fontes de luz que nos afetam — a Lua, as estrelas, os planetas e até mesmo os cometas. Juntos, todos eles mostram ter um ritmo, um fluxo e refluxo sazonais, um ciclo previsível, como de fato ocorre na vida em sua totalidade. A maioria de nós levanta-se com o Sol e vai dormir quando ele se pôs, seguindo seu ciclo de 24 horas. A Lua, que influencia o movimento das marés e afeta não apenas o ciclo menstrual das mulheres, mas também os fluidos orgânicos de todos nós, cresce e míngua em ciclos de 28 dias. Diz-se que as sementes devem ser plantadas na Lua cheia e não na minguante. As estações se sucedem, com a primavera dando lugar ao verão que, por sua vez, dá lugar ao outono e ao inverno. Esses importantes biorritmos são inseparáveis de todas as fontes de vida, até mesmo das mais ocasionais como o cometa Hale-Bopp. Foi a partir do movimento dos astros, do seu surgimento e ocaso, que criamos o tempo — que é uma invenção humana — estabelecendo parâmetros sobre uma infinidade de mesmice e mapeando as vindas e idas de nossas fontes de luz. Há uma concordância do homem com as estações nas suas sete idades, quando a criança torna-se adulto e depois talvez passe para uma segunda infância antes de morrer — quem sabe, como muitos dizem, para repetir o ciclo de vidas até alcançar a iluminação e não precisar mais retornar. A vida é cíclica em uma direção ascendente, como uma espiral — um padrão que se manifesta de inúmeras formas. Recuamos para podermos avançar mais e a cada noite nos retiramos para a escuridão para que possamos encarar com vigor o amanhecer de um novo dia.

# 3
# A centelha divina

**A luz é um espírito vivo que vem do Sol e estabelece uma relação direta com nosso próprio espírito.**

*Mikhail Aivanhov*

Eu estava parada no frio da madrugada às margens do rio Gânges em Benares, conhecida hoje como Varanasi. Homens e mulheres entravam na água, com os olhos voltados para o ponto em que o Sol começava a despontar. Um longo sussurro de preces elevou-se e eu vi as figuras submergirem na água, voltarem à superfície e mergulharem outra vez suas faces e reterem nas conchas formadas por suas mãos a água sagrada do rio antes de a despejarem sobre suas cabeças e a levarem aos lábios. O sol surgiu, aquecendo suas faces e seus corpos enregelados e reluzentes. Totalmente absortos nessa cerimônia matinal — *puja* — eles reconheciam o Sol como a fonte de toda a vida em todos os planos, físico e espiritual.

Há séculos, esse instinto encontra expressão semelhante em todo o mundo. O Sol, sem o qual nada pode existir, é considerado divino, o símbolo externo e interno da fonte da vida, seja nas grandes culturas do Egito e da Grécia, da Pérsia, da Índia e do Extremo Oriente ou nas civilizações sul-americanas dos maias e incas. Ele também encontrou expressão na tradição judeu-cristã da Europa. Neste capítulo, trataremos de alguns desses rituais, símbolos e textos sagrados.

# ÍNDIA

> Eu conheço o Espírito supremo, radiante como o Sol além das trevas. Aquele que o conhece vai além da morte, pois ele é o único caminho para a vida eterna.
>
> Sua infinitude está além do que é grande ou pequeno, e não existe nada maior do que ele. Como uma árvore perpétua, ele ergue-se no meio do céu e sua luz ilumina toda a criação.
>
> De *Os Upanishades*

Vou começar pela Índia não por ser ela cronologicamente a primeira das antigas culturas, mas pela razão mais pessoal de ser o país em que nasci e ser para mim como um segundo lar. A grandeza de suas paisagens e a sabedoria profunda de seus sábios têm o poder de atrair e de provocar o silêncio. Às margens do portentoso Gânges ou solitárias nas neves eternas do alto do Himalaia, as verdades das grandes escrituras ficam mais claras.

Mas antes, uma outra lembrança. A neve havia derretido apenas o suficiente para permitir que os carros percorressem a estrada montanhosa que leva a Badrinath, uma das nascentes do rio Gânges, no alto do Himalaia. Em certos lugares, a neve tivera que ser removida a pá precipício abaixo para permitir que passássemos. Agora, eu estava ali parada descalça e com frio no pequeno templo, cujo sino havia sido doado pelo regimento do meu pai, enquanto uma bandeja com fogo era passada de devoto a devoto. Cada um estendia as mãos para a chama e, em seguida, voltava-as para si, colocando-as na fronte, no rosto e no coração como se estivesse banhando-se na luz e absorvendo a realidade por trás do símbolo do fogo.

Na Índia, existe uma tal riqueza de tradições que a questão é por onde começar. Pela prática da ioga como um caminho para se chegar à comunhão com o Divino, as grandes escrituras, os *Vedas*, os *Upanishades* e, sobretudo, o *Bhagavad Gita*, "o Canto do Senhor"? Pela consciência de que o mundo é *maya*, ilusão, e de que a realidade é algo mais? Pela meditação e controle da respiração, recitação da sílaba sagrada *Om*? Pela prática *ahimsa*, da não-violência? Pelo conceito de karma (você colhe aquilo que planta) e nirvana, ou estado supremo de felicidade?

## PÉRSIA

Em Bombaim, a chama do fogo sagrado, o símbolo vivo e informe de Deus, é reverenciada nos Templos ao Fogo zoroastrianos. Os zoroastrianos, entretanto, são originários da Pérsia, hoje Irã, a terra de Zoroastro, onde os picos das montanhas, e não os templos, eram considerados os lugares mais importantes para os altares ao fogo. De acordo com a mitologia zoroastriana, Ahura Mazda o Criador, mais tarde conhecido como Ohrmazd, estava por toda a eternidade acima da luz e da bondade. Abaixo, nas trevas e na ignorância, vivia o espírito destrutivo Ahriman. A luta entre o bem e o mal, a saúde e a doença, a luz e as trevas, a vida e a morte, era expressa como uma polaridade sem reconciliação. Algumas das idéias que mais tarde viriam a ser expressas pela tradição gnóstica — sabedoria interior — do cristianismo primitivo têm suas origens aqui.

## EGITO

É provável que seja a egípcia, mais do que qualquer outra, a não ser talvez a dos maias, a cultura que mais desenvolveu o culto ao Sol. O deus Sol Rá, simbolizado por um disco dourado, era associado com monarquia e realeza. O jovem faraó Aquenáton procurou renovar o panteão de deuses e deusas pela introdução do culto a um Deus solar único, uma idéia extremamente poderosa.

Rá, o Sol, une o céu e a terra
Enviando energia de cima para baixo
E erguendo a matéria de baixo para cima.
Ele atrai vida para si mesmo
E a irradia de si mesmo
Incessantemente jorrando luz sobre tudo.

## GRÉCIA

Egito e Grécia sempre estiveram muito próximos em idéias e intercâmbio comercial. Tanto que o dr. Immanuel Velikovsky defendeu que Sófocles se baseou na vida de Aquenáton para escrever sua famosa peça de teatro *Édipo Rei*. Com certeza, os gregos, assim como os egípcios, consideravam o Sol divino. De acordo com suas lendas, Prometeu, um dos primeiros heróis, havia roubado o fogo do céu e o trazido para a humanidade. Por isso, ele foi cruelmente castigado por Zeus, condenado a ficar acorrentado a um rochedo no Cáucaso, onde todos os dias os abutres vinham devorar seu fígado que voltava a crescer durante a noite. Esse castigo por ter ajudado a humanidade fez dele uma figura de salvador e, para os cristãos eslavos do Cáucaso, onde ele continua sendo reverenciado, ele é um precursor de Cristo.

O deus Apolo representava o Sol para os gregos, e sua irmã Ártemis, a Lua. Apolo simbolizava não apenas o Sol exterior, mas também o Sol interior da criação nas artes e, especialmente, na música. Sua irmã reunia o domínio da luz com o da caça, para que não parecesse ser um mero reflexo de seu irmão. Podemos ver que todas essas divindades gregas são projeções de nossos aspectos masculino e feminino, cada um contendo em si mesmo um elemento de equilíbrio do outro. Mais tarde, os alquimistas falariam do Casamento Divino do Sol com a Lua, indicando a integração em cada pessoa de seus aspectos masculino e feminino. Os gregos não tinham apenas uma palavra para designar essa integração, mas duas, das quais foram derivadas "andrógino" (homem/ mulher) e "hermafrodita" (Hermes, Mensageiro dos Deuses — Macho — e Afrodite, nascida da espuma do mar, Deusa do Amor — Fêmea — que simbolizam a união do Céu e da Terra).

Em Delfos, num vale retirado entre as montanhas, ao pé dos enormes rochedos do Monte Parnaso, com águias sobrevoando a cerca de 250 metros de altura, encontram-se as ruínas do Templo de Apolo. Ali a Pítia, sacerdotisa de Apolo, entrava em transe mediúnico, no qual era possuída pelo deus, e dava respostas a quem consultava o oráculo. Sobre a entrada do templo havia a inscrição: "Conhece-te a ti mesmo." Na verdade, essa busca de conhecimento permeou todas as idéias e buscas dos gregos, tanto com respeito à constituição do corpo quanto à natureza da alma.

Platão (429—347 a.C.), em sua alegoria da caverna, diz que os homens não deveriam deixar-se iludir pela idéia de que o que vêem com os olhos seja necessariamente verdadeiro. Nessa alegoria, homens sentados em uma caverna vêem as sombras lançadas sobre a parede por uma fogueira e as tomam como realidade. Eles não acreditam no que um deles, que sai da caverna para a luz do Sol, lhes conta ao retornar.

Com muita freqüência, como os homens que vivem nessa caverna, nós acreditamos em nossas ilusões. A idéia de Platão tem muito em comum com as dos sábios indianos sobre *maya* — ilusão — e pode muito bem ter sido em parte influenciada por eles. As relações comerciais e culturais entre a Grécia, a Pérsia e a Índia eram mais desenvolvidas no século IV a.C. do que talvez se possa imaginar.

Com os gregos, nós avançamos mais da luz para a iluminação. É interessante notar, entretanto, que em uma cultura tão respeitada por seu pensamento racional exista também lugar para as visões sobrenaturais obtidas através do transe. Os gregos, e os romanos depois deles, reservavam um lugar para o que era conhecido como "mistérios", em cujos cultos os devotos eram transportados pela orgia, pelo delírio e pelo êxtase dos rituais secretos. Na Grécia, os Mistérios de Elêusis e os Mistérios Órficos eram os mais conhecidos, enquanto em Roma havia os Mistérios de Ísis (do Egito) e os Mistérios de Mitra (da Pérsia) — um culto muito popular entre os soldados do exército romano. Essas práticas religiosas mais carismáticas correspondiam a uma necessidade da psique humana que a filosofia não conseguia satisfazer. A luz da mente tem de ser equilibrada pelo fogo do coração. A experiência e o envolvimento pesscais são também essenciais.

## OS MAIAS

Em outro continente, a América do Sul, os maias (aproximadamente de 300 a 900 de nossa era) erigiram imensas pirâmides, mais notáveis em

Palenque, mas também em outros lugares, para adorarem os deuses do Sol, da chuva e da Lua. Os incas, que vicejaram a partir de 1200 até a chegada dos espanhóis no século XVI, adoravam o deus Sol Inti e sua esposa Kilya, a Lua. Os últimos reis dos incas consideravam-se de descendência divina e afirmavam ser deuses. Sua capital, Cuzco, considerada por muito tempo um centro de poder terreno e espiritual, tornou-se a morada magnífica do deus Sol, o centro redesenhado em volta do templo solar Coricancha com suas muralhas revestidas de ouro, que se acreditava emanar do deus Sol. Foram construídos observatórios solares em Machu Picchu.

A atual cultura maia é vigorosa e promove um entendimento dos vinte sóis sagrados e das vinte faces do Criador, que são partes de toda uma cosmologia que relaciona nosso sistema solar às Plêiades. O estudo maia do espaço e do tempo baseado nas Plêiades e integrado aos ciclos baseados na Terra inclui antigos calendários que são mais abrangentes do que o nosso calendário gregoriano.

Há uma tradição de mistério crescendo atualmente em todo o mundo, um movimento importante que integra os conhecimentos indígena e galáctico. Para quem estiver interessado em conhecer esse material fascinante, existe disponível uma bibliografia considerável.

## EUROPA

> "O Senhor é minha luz e minha salvação.
> A quem, então, devo temer?"
>
> *Salmo 27*

O que é a luz na Europa, onde predomina a tradição judeu-cristã? Existe a importante versão bíblica da criação com sua ordem: "Que se faça a Luz."

Existe também o importante conceito da luz divina na Cabala.[1] Cresce hoje o interesse pela Cabala e pelo Tarô, ambos fontes arquetípicas de conhecimento. Mikhail Aivanhov observa, de passagem, que Jesus conhecia a Cabala e que esse conhecimento é necessário para o pleno entendimento do Livro do Apocalipse.

As Sefira (plural de Sefiroth), os dez ramos da Árvore da Vida, são "emanações numéricas" e a Árvore da Vida um objeto de espantoso poder matemático, uma matriz matemática originária do cosmos. Em 1984, os físicos Green e Schwartz, por exemplo, descobriram que o número 248 (representando forças estáveis) exerce um papel fundamental na física subatômica.[2]

É interessante notar que a igreja cristã primitiva valeu-se de todas as fontes mencionadas até agora — a tradição gnóstica do Irã e a tradição egípcia de Hórus, filho divino de Ísis e Osíris. Na realidade, o primeiro motivo de Mãe e Filho na arte não teve origem em Maria e o Menino Jesus, mas em Ísis e o Menino Hórus. O símbolo da cruz também é anterior ao cristianismo — o *ankh* egípcio, por exemplo — e a morte e a ressurreição já eram temas conhecidos. A figura de um salvador que foi crucificado e ressuscitou era conhecida nas escolas secretas.[3]

A arte cristã primitiva mostrava Jesus como um jovem Apolo e o título *Sol Invictus* — o Sol Invencível — foi-lhe dado particularmente com respeito à sua ressurreição. O cristianismo, como muitas outras religiões, simplesmente desenvolveu-se a partir das tradições já existentes, ditas "pagãs".

Através dos séculos, Cristo como luz, a Centelha Divina, foi uma experiência comum a muitas pessoas. No século XI, Simeão o Novo Teólogo, um monge insatisfeito com a liturgia presunçosa da Igreja Oriental, ansiava por uma experiência pessoal que desse sentido à sua vida. Ele escreveu:

Enquanto eu meditava, Mestre, sobre essas coisas
De repente, Tu surgiste de cima, muito maior do que o Sol
E Tua luz resplandecente desceu do céu até o meu coração.
Ó que embriaguez de luz, que labaredas de fogo!
Que redemoinhos da chama em mim, miserável que sou,
Vinda de Ti e da Tua glória!
A glória que eu sei e digo ser Teu Espírito Santo...
Mas enquanto eu estava ali envolto nas trevas
Tu surgiste como luz, iluminando-me completamente

Com Tua luz todo-abrangente.
E eu virei luz na noite...[4]

Na Suécia, no século XVIII, o visionário Emanuel Swedenborg escreveu sobre sua experiência de luz e calor no Céu:

> Primeiro, eu fiquei maravilhado quando ouvi anjos dizendo que a luz do mundo é pouco mais que uma sombra comparada à luz do céu, mas depois de tê-la visto, posso confirmar que é assim. O brilho e o esplendor são tais que não podem ser descritos. As coisas que eu vi no céu foram vistas nessa luz, portanto, mais clara e nitidamente do que as coisas deste mundo...
>
> A luz do céu não é uma luz natural como a do mundo, mas uma luz espiritual, porque vem do Senhor enquanto Sol, e esse Sol é o Amor Divino...
>
> Duas coisas emanam do Senhor enquanto Sol: a Verdade Divina e o Bem Divino. A Verdade Divina se manifesta no céu como luz, e o Bem Divino como calor. No entanto, a Verdade Divina e o Bem Divino estão tão unidos que não são dois, mas um único.[5]

O culto cristão da Santa Comunhão também tem proporcionado visões que vão além da percepção natural. Em seu livro, *So That You May Be One*, Joa Bolendas, a esposa de um pastor suíço convertido, relata suas conversas visionárias com santos e figuras do Antigo e Novo Testamentos. Um santo diz a ela: "A transformação em uma nova pessoa através da luz ocorre diretamente quando se bebe e come conscientemente. Não existe união mais próxima da luz com Cristo. É o núcleo central da criação [...] O ser humano nasce com corpo, alma e espírito e desenvolve-se para tornar-se um Ser de Luz."

O bispo clarividente Charles Leadbeater da igreja católica liberal descreveu a celebração de uma missa católica romana na igreja de uma pequena aldeia na Sicília, durante a qual ele percebeu que na consagração da hóstia, ela brilhou e tornou-se "um verdadeiro Sol" para seus olhos.[6] A energia irradiou não apenas da hóstia, mas também de tudo que tem relação com ela — o paramento do sacerdote, o altar, o véu, o cálice, a pátena — e permaneceu depois da missa e durante a elevação da hóstia no momento da bênção e quando ela seguiu em procissão pelas ruas da aldeia. A luz brilhava sem cessar, mas "refulgiu como o Sol" nos momentos especiais da celebração. Todos que receberam a hóstia tornaram-se por um tempo centros de luz e fogo e por alguns instantes de êxtase estiveram em contato com as forças de um mundo superior.

## *Teilhard de Chardin*

> "O coração de Cristo é uma chama: uma chama com o poder de penetrar em todas as coisas. É como se o fato de unir e ligar os dois pólos, tangível e intangível, externo e interno, do mundo que nos leva adiante tivesse feito tudo explodir em chamas e libertar tudo..."
>
> *Teilhard de Chardin*

Teilhard de Chardin (1881—1955) foi padre jesuíta e membro de uma equipe de geólogos que investigou o homem de Pequim. Ele foi um visionário que procurou integrar em sua vida os dois misticismos da ciência e da religião. Ele cunhou os termos "ponto ômega" para descrever o ponto de convergência de todas as coisas no processo evolutivo e "Noosfera" para descrever a mente criativa de Deus na qual vive toda a criação. Ele viu todo o cosmos como o Corpo e Sangue de Cristo que ele, como sacerdote, ofertou a Deus.

Ele via Cristo como o alfa e o ômega, humano e divino, o centro cósmico do universo, da humanidade e de cada pessoa:

> Permita que tua Presença universal se manifeste em uma luz que seja ao mesmo tempo Transparência e Incandescência — ó eternamente supremo Cristo!

## Mikhail Aivanhov

> "Ninguém na Terra é tão inteligente quanto um raio de sol: ninguém, nem mesmo o maior gênio!"
>
> *Mikhail Aivanhov*

Outro sábio-filósofo cristão foi o búlgaro Mikhail Aivanhov (1900—1986). Em 1937, ele foi enviado a Paris por seu professor, Peter Deunov. Ali, ele ensinou o sentido profundo do cristianismo no contexto das religiões do mundo até sua morte. Suas palestras foram traduzidas para inúmeras línguas.

O Sol tinha um significado profundo para Aivanhov. Era vivo, consciente e inteligente. Seu amor ao Sol ardia intensamente em seu coração e tocava fundo os mistérios do cosmos. Como Teilhard de Chardin, ele considerava que a essência da luz visível, o Sol, fosse o próprio Divino e estabeleceu um paralelo com Cristo.

Na realidade, o simbolismo solar está entrelaçado com a fé e a prática cristãs. *The Teachings of Silvanus*, uma escritura egípcia cristã gnóstica encontrada em Nag Hammadi em 1945, declara: "Pois o Sol brilha em todos os lugares impuros sem se macular. O mesmo acontece com Cristo." Essa afirmação lembra a visão do próprio Aivanhov. Ele se considerava cristão, embora suas crenças e práticas estivessem mais próximas do gnosticismo do que do cristianismo moderno.

Para Aivanhov, adorar o Sol visível seria idolatria, mas respeitar o Sol como símbolo da luz suprema da qual ele é a manifestação, é uma atitude gratificante.

> "É claro que Cristo é uma entidade muito maior do que o Sol [...] Nem ele manifesta-se apenas através do Sol. Existem inúmeros sóis no universo e a maioria deles é muito maior e mais brilhante do que o nosso. Cristo está em todos eles, mas para nós que vivemos no planeta Terra, ele se manifesta em nosso Sol."[7]

Aivanhov considerava Deus como sendo a Realidade absolutamente incognoscível. Embora, em sua visão, o Divino seja a essência de todas as coisas e na realidade não podemos estar separados dele, não podemos, com nossa limitada estrutura conceitual, compreendê-lo. Mas mesmo sendo-nos impossível conhecer o Divino, podemos nos unir a ele. Para isso, "temos antes de polir o espelho de nossa mente física" e nos livrarmos das impurezas dentro de nós.[8] Só então podemos nos tornar um com Deus.

Com isso em mente, Aivanhov praticava a ioga solar, ou *surya yoga*. Uma parte importante dessa disciplina é entrar em contato com o Sol ao amanhecer. Isso requer a devida preparação mental, um estilo de vida equilibrado, envolvendo uma dieta apropriada e jejum, se necessário, sono adequado e, sobretudo, uma mente esvaziada.

Quando Aivanhov visitou a Índia em 1959, ele foi saudado por um sábio hindu como um *rishi* solar ou mestre, por fazer abertamente do Sol que concede a vida o centro de sua vida e de seus ensinamentos. Ele disse que nosso Eu Superior já mora no Sol, afirmação que tem uma semelhança espantosa com uma passagem do *Brihadaranyka Upanishad* (2, 1, 19) que fala da "pessoa" do Sol:

> "A forma desse Ser é de fato luminosa como um tecido da cor intensa do açafrão, como madeira branca, como o vaga-lume, como a chama de um fogo, como a flor de lótus, como um relâmpago súbito. Em verdade, a glória daquele que sabe. Isso é como um relâmpago súbito."

A jornada que este capítulo percorreu termina quase no mesmo lugar em que começou — na Índia ao raiar do dia, fazendo uma saudação ao Sol nascente — *surya namaskar* — com as mãos colocadas sobre a fronte e o coração. Mas quem sabe nossas percepções tenham se ampliado durante o percurso.

# 4
# Os corpos de luz: além do que os olhos podem ver

**"Viemos da luz, vivemos na luz, morremos na luz. Somos feitos de luz. Tudo é feito de luz. A ciência chegou a esse entendimento por um caminho extremamente longo."**

Osho, em *Scriptures in Silence and Sermons in Stones*

Pegue uma semente de uma maçã recém-colhida. Coloque-a sobre um papel branco. Abra-a. O que você vê? A olho nu, você pode realmente ver a energia vital da semente — azul-acinzentada contra o papel branco — o germe da força vital da maçã.

Neste capítulo vamos explorar os campos de energia sutil nos quais vivemos e que normalmente não podemos ver a olho nu. Eles são conhecidos há milhares de anos pelas tradições da China e da Índia e por aqueles tanto do Oriente como do Ocidente que têm clarividência ou visão mediúnica. Aqueles que não são clarividentes podem conhecê-los pelos sentidos. Mais recentemente, a ciência tem procurado registrar e mensurar esses corpos sutis com algum, porém não absolutamente total, sucesso por razões que vamos esclarecer.

Vamos descrever em linhas gerais esses corpos sutis e a anatomia sutil da qual eles fazem parte, procurando esclarecer um pouco as bases sobre as quais se apóia seu estudo e as conclusões que dele podem ser tiradas.

## ENERGIA CONSCIENTE

No nível inferior ao átomo, tudo é energia — a própria matéria é energia e consciência. Nossos corpos e mentes não são separados. Eles estão em inter-relação dinâmica, movendo-se em direção à totalidade, e essa relação é consciência. Já vimos, na teoria de David Bohm, que todas as coisas em todos os níveis estão entrelaçadas umas nas outras naquilo que ele chama de "ordem implícita", profundamente ligadas à nossa própria realidade básica — a matéria que é consciência. Esse é um paradigma científico essencialmente novo ou uma nova maneira de ver o mundo.

Pode parecer que estamos aqui nos esforçando para elaborar algo novo para o qual as palavras não vêm facilmente. É óbvio que há em nossa natureza mais do que a visão física ou tecnológica de nosso tempo pode ver.

## O CAMPO DE ENERGIA SUTIL

*O campo de energia sutil* é muito mais extenso do que o espectro visível, que é, na realidade, uma parte extremamente pequena dele. Ele contém, em 64 oitavas segundo alguns, desde as primeiras oitavas ao nível máximo, os raios cósmicos, passando pelos raios gama e raios X e ultravioleta, até o espectro visível na 49ª oitava, e abaixo dele, passando pelas ondas de infravermelho e de rádio, até a freqüência mais baixa antes de manifestar-se fisicamente.

*O espectro eletromagnético — o EEM* — está refletido em todos os níveis e, até certo ponto, tem sido possível registrar e monitorar suas freqüências. Existem, entretanto, energias de um nível extremamente alto que podem ser apreendidas pelo sistema perceptual humano, mas ainda não pelos recursos tecnológicos disponíveis. Na verdade, os instrumentos de conteúdo mineral podem não ser jamais adequados para registrá-las. O dr. Elmer Green, que proferiu em 1972 uma palestra sobre "Como fazer uso da Teoria do Campo da Mente", promovida pela Academia de Parapsicologia e Medicina da Stanford University, Califórnia,[1] e havia trabalhado com Swami Rama, fala de transdutores, dispositivos como o microfone que podem converter um sinal de uma forma de energia para outra. Ele ressalta que todo organismo vivo é um transdutor, pois liga a dimensão física ao plano sutil além e faz isso melhor do que qualquer máquina. Mas que obstinados somos! Negamos a existência do que não conseguimos provar por nossos métodos primitivos. Os micróbios "não existiam" até que o microscópio veio provar o contrário. As ondas cerebrais "não existiam" até que se descobriu um meio de demonstrar sua existência. Os místicos e clarividentes conheciam e viam as energias sutis — mas eram desacreditados e desdenhados de maneiras surpreendentes para nós hoje.

Durante o século XIX, dois teosofistas, Annie Besant na Índia e o bispo Charles Leadbeater na Europa, foram intensivamente treinados por iogues experientes para desenvolverem capacidades mediúnicas e eles usaram essa percepção extra-sensorial para discernir a composição interna dos elementos e átomos. Eles publicaram suas descobertas em 1895 em *Occult Chemistry*, mas como era de se prever, sua obra surpreendente foi rejeitada como fantasia. Um século depois, o físico de Cambridge, dr. Stephen Phillips, examinaria o livro à luz da física quântica.[2] Os físicos atuais também estão revendo-a e reconhecendo que cem anos atrás Besant e Leadbeater descreveram corretamente os componentes de cada elemento conhecido do hidrogênio ao urânio e de inúmeros isótopos até agora desconhecidos.[3] Pelo uso da percepção extra-sensorial (PES), eles haviam percebido o número correto de quarks — partículas que só foram descobertas quando já haviam morrido — e também de subquarks, objeto de investigação científica durante a década de 1990.

## ANATOMIA DOS CORPOS SUTIS DE LUZ

O que são os campos de energia que envolvem tanto nós individualmente quanto o próprio planeta? Perpassando nosso corpo físico e estendendo-se para fora dele a uma distância de um metro a um metro e meio, às vezes até três metros, pois contrai-se e expande-se, há uma série de corpos sutis sobrepostos e interligados conhecidos conjuntamente como aura, que significa "brisa" em latim. Faz-se necessário introduzir os termos com os quais esses campos interligados foram descritos pelos observadores tanto do Oriente quanto do Ocidente.

### *Aura, Chakras, Nadis, Prana*

A tradição iogue da Índia considera sete ou mais campos envolvendo o corpo físico, cada um associado a uma cor diferente e visível para a visão extra-sensorial e, às vezes, também para o olho físico. Nesse campo da aura e descendo pelo eixo cérebro-espinhal existem sete, para alguns mais, principais centros de energia, ou chakras, cada um também com uma cor própria. Esses chakras também estão relacionados com os sistemas glandulares ou endócrinos do corpo físico. Além disso, existe uma réplica extremamente sutil do sistema nervoso, uma rede de *nadis,* ou correntes de luz, pelos quais a força vital básica é recebida do campo da aura e dos chakras e levada para todos os níveis do corpo físico. Essa força vital, ou *prana,* é inspirada para dentro do sistema na garganta e distribuída pelo chakra mais importante no baço para os outros chakras e para as glândulas e órgãos físicos. Os iogues descrevem cinco tipos de *prana,* mas basta aqui introduzir o conceito básico de força vital, que é conhecido em diversas abordagens, orientais e ocidentais, por diferentes nomes e que até hoje escapam aos meios tecnológicos, que são ainda demasiadamente primitivos para detectá-la.

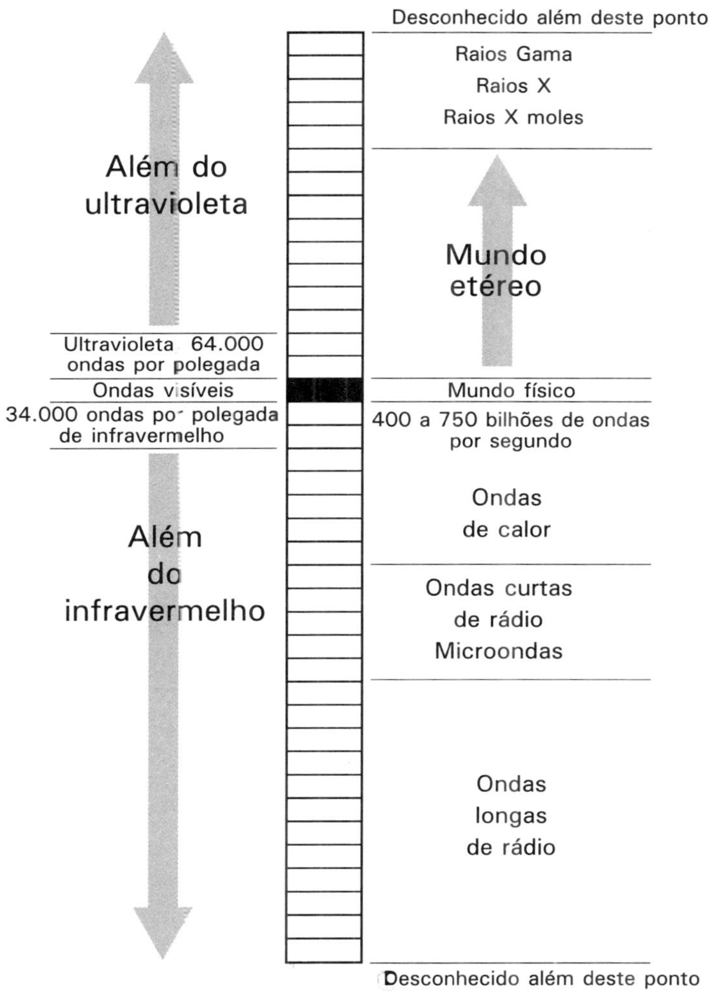


**Vibrações visíveis e invisíveis**

Este gráfico torna claros os limites de nossas percepções sensoriais. Só a parte em preto representa o espectro visível.

## *Os corpos sutis*

São os seguintes os corpos sutis:

- Bem próximo do corpo físico e como uma cópia dele, está o *corpo etérico*, às vezes visto como azul-escuro. Ele é, na verdade, a matriz do corpo físico e determina sua estrutura.
- Além dele e interpenetrando-o, está o *corpo emocional* ou *astral*, visto como verde ou cor-de-rosa claro, que é capaz de separar-se do corpo físico e viajar para outras dimensões no espaço e no tempo, tanto em sonhos quanto voluntariamente.
- Depois desse vem o *corpo mental*, onde o pensamento e as formas de pensamento podem ser percebidas pelo clarividente como amarelas. (Em alguns sistemas, os corpos astral e mental são subdivididos em inferiores e superiores.)
- Além desse está o *corpo causal*, no qual estão registradas as vidas passadas. A cor desse corpo é violeta.
- Além desse, existem corpos superiores relacionados com a fonte divina de nossa natureza.

Os céticos não deveriam descartar imediatamente essas informações, mas aguardar uma oportunidade que lhes possibilitasse fazer uma avaliação mais completa do conhecimento dessas realidades e de como elas podem ser levadas em conta.

## *Os chakras*

Os chakras — a palavra significa "rodas" ou "círculos" — são órgãos supra-sensoriais de luz e, juntos com os corpos sutis no campo da aura, são aspectos do ser humano que podem ser encontrados nos ensinamentos de todas as civilizações e sociedades do mundo.

Eles aparecem no campo da aura em alinhamento com a coluna vertebral como flores que desabrocham totalmente durante o processo de ativação. Outra descrição do chakra é a de uma turbina de vaivém — movendo-se para os dois lados simultaneamente, abrindo-se e fechando-se, expandindo-se e contraindo-se, recebendo e enviando energia.

É interessante o que o místico cristão Jacob Boehme (1575—1624) escreve sobre a psique humana: "Assim, essa roda tem sete rodas uma dentro da outra que se ajusta a todas as sete rodas e todas as sete rodas giram sobre um único cubo." A fisiologia tântrica da luz na tradição oriental faz uma descrição similar.

Os sete chakras mais importantes são os seguintes:

| | | |
|---|---|---|
| 1. Base ou raiz | situado no períneo | vermelho |
| 2. Sacro | abaixo do umbigo | laranja |
| 3. Plexo solar | umbigo/baço | amarelo |
| 4. Coração | relacionado ao timo | verde/cor-de-rosa |
| 5. Garganta | relacionado com as glândulas tireóide e paratireóide | azul |
| 6. Fronte | relacionado com a glândula pituitária | índigo |
| 7. Coroa | relacionado com a glândula pineal | violeta |

Em alguns sistemas, há um outro chakra importante, no hipotálamo do cérebro, o *alta major*, a parte *réptil* de nosso cérebro, pelo qual tomamos consciência das pessoas e dos eventos que estão atrás de nós. A cor a ele associada é o marrom/verde oliva. As glândulas a ele relacionadas são as supra-renais. Tem também relação com a percepção espiritual.

Existem mais chakras nas palmas das mãos, nos olhos, nas plantas dos pés, em outros pontos do corpo e por todo o campo da aura — cerca de 300 no total.

## A TRADIÇÃO CHINESA: MERIDIANOS, ACUPUNTURA E CHI

É importante observar que paralela e complementariamente ao sistema indiano, existe o chinês com seus doze meridianos ou correntes de luz, percorrendo todo o corpo humano e transportando a energia vital, ou "*chi*", o *prana* do sistema indiano. Os pontos ao longo dos meridianos, conhecidos como "pontos de acupuntura", eram tratados com agulhas durante uma operação cirúrgica, para a qual não era aplicada anestesia. A acupuntura não era nem bem entendida nem recebida antes de médicos ocidentais visitarem a China depois da visita de Nixon em 1972 e presenciarem uma operação realizada num paciente totalmente consciente e disposto. Essa experiência levou a medicina ocidental a considerar seriamente os princípios fisiológicos e psicológicos tanto do Ocidente como da China.

## PARACELSO E A TEORIA VITALISTA: O PRINCÍPIO DA VIDA

Os sistemas indiano e chinês com suas diferenças encontram ecos nas tradições ocidentais. Talvez o exemplo mais importante disso seja Paracelso (1493—1541), o alquimista alemão que afirmava que o princípio da vida que ele chamava de *archaeus* ou *liquor vitae* ou ainda *aura seminalis*, continha em cada gota de seu líquido a imagem e a semelhança do homem como um todo. Essa idéia de que o todo está contido em cada parte minúscula ecoa e antecipa nossas teorias holográficas da consciência humana. Um holograma é uma imagem tridimensional que pode ser gravada sobre uma placa passando-se um raio *laser* de luz através de prismas e lentes. Se a placa se quebra, cada fragmento contém a imagem total.

## ELETRICIDADE, MAGNETISMO, BIOLOGIA: É O HOMEM UMA SIMPLES MÁQUINA?

Desde Paracelso e da chamada teoria vitalista, uma longa série de cientistas explorou a força vital em termos de eletricidade, magnetismo e biologia. Luigi Galvani (1737—1798), da cidade de Bolonha, de cujo nome derivou-se o termo "galvanizado", seu sobrinho Giovanni Aldini e Alessandro Volta (1745—1827), de quem herdamos a palavra "voltagem", todos eles procuraram demonstrar que o homem era vítima de potências químicas e físicas e efetivamente uma máquina. Não obstante, a doutrina vitalista nunca morreu completamente e, em 1935, o trabalho de Saxton Burr e Northrop levou adiante a tradição da teoria eletrodinâmica da vida, levantando ainda mais questões.[4]

Os Kirlians, que estavam realizando pesquisas na década de 1940 e cuja eletrofotografia tornou-se popular na década de 1970, argumentaram que a descarga elétrica que aparece em forma de auréola em suas "fotografias Kirlian" era simplesmente física e não a aura dos vitalistas.[5] No entanto, muitas pessoas voltaram atualmente a considerar a teoria vitalista, como, por exemplo, os pesquisadores que na Europa Oriental aplicam a técnica de Visualização da Liberação de Gases em corpos humanos mortos há até seis dias.

## ESTUDO DO ESPECTRO ELETROMAGNÉTICO

É chegada a hora de rever o que a ciência tem feito para verificar os fenômenos conhecidos, ou declarados conhecidos, da tradição clarividente. Só podemos fazer isso de forma extremamente resumida, mas os leitores que quiserem aprofundar seus conhecimentos, podem seguir as sugestões de leitura indicadas na Bibliografia.

Antes de abordarmos essa pesquisa em particular, precisamos registrar três fatos. O primeiro é que a física convencional reconhece quatro tipos de energia — eletromagnetismo, gravidade e duas forças subatômicas, uma forte e outra fraca — enquanto as culturas indígenas vêem a realidade como multidimensional, com todo um espectro de energias, físicas e metafísicas.

O segundo fato que precisamos registrar é que somos seres magnéticos em todos os níveis, como salienta a nova ciência do neuromagnetismo.[7] Cristais de magnetita impregnam as células do cérebro e a glândula pineal tem uma sensibilidade magnetostática ímpar. Existe magnetita por todo o corpo, como também uma relação magnética entre mãe e filho e entre amantes humanos e divinos. Temos receptores magnéticos no interior do cérebro. Pássaros e animais encontram o caminho de volta para seus lugares de origem pela sintonização com os campos magnéticos da Terra.

O terceiro fato a ser registrado é que o coração e não o cérebro gera o campo magnético mais intenso do corpo e que se expande e fortalece com a expressão de amor e compaixão. Cada batimento cardíaco produz uma onda de energia que pulsa em todas as direções — cada batimento gera 2,5 watts, o suficiente para suprir uma lâmpada noturna ou um pequeno rádio. O campo magnético do coração é cerca de mil vezes mais potente do que o do cérebro e pode ser medido por um magnetômetro à distância de um metro e meio.[8] Alice Bailey, a teosofista que serviu de canal para o mestre tibetano Djwhal Khul, disse: "A alma alojada no coração é o núcleo central da energia positiva por meio da qual todos os átomos do corpo são mantidos no devido lugar."[9]

## *Dr. Walter Kilner, Dr. Hiroshi Motoyama e Dra. Valerie Hunt*

Neste breve capítulo, esses três eminentes pesquisadores representam todos os que investigaram cientificamente os campos de energia sutil. Eu não considero exageradamente arbitrária a escolha de seus nomes.

## *Dr. Walter Kilner*

Em 1908, o dr. Walter Kilner preparou-se para investigar a aura. "Estou decidido", ele escreveu, "a investigar esse assunto à parte de todo ocultismo."

No Hospital St. Thomas, em Londres, o dr. Kilner sensibilizou os bastonetes da retina dos olhos dos pacientes, orientando-os a olharem através de telas encobertas de tintura de alcatrão de hulha, o produto químico conhecido como *Dicyanin*. Quando ele próprio olhou através das telas pela primeira vez, sua descrição do que viu foi notavelmente igual à dos escritos pelos autores ocultistas dos quais ele estava procurando se distanciar. Ele constatou que havia encontrado um meio tanto de ver como de fazer com que os outros vissem a aura e foi levado a concluir: "Não pode haver a menor dúvida quanto à existência da aura envolvendo o ser humano e isso em pouco tempo será um fato reconhecido universalmente."[10]

## Dr. Hiroshi Motoyama

O dr. Motoyama é cientista, parapsicólogo, sacerdote xintoísta e terapeuta. Em 1960, ele fundou um instituto de pesquisas em Tóquio para investigar a evolução da consciência humana, quando seu trabalho ficou conhecido internacionalmente. O dr. Motoyama faz regularmente conferências na Europa, América e Ásia.

O dr. Motoyama criou dois aparelhos com base na tecnologia dos meridianos — um para os chakras e outro, o AMI (aparelho para medir as funções dos meridianos e órgãos internos correspondentes).[11]

O AMI tem 28 eletrodos, que são conectados aos pontos terminais de acupuntura de cada um dos meridianos, localizados nas pontas dos dedos das mãos e dos pés. Agulhas de acupuntura ou clipes especiais são conectados a esses pontos para se obter informações elétricas. Motoyama e outros encontraram fortes ligações entre os meridianos em desequilíbrio elétrico e a presença de doença não-manifesta nos sistemas orgânicos a eles relacionados.

O AMI é usado no Bob Hope Parkinson Research Institute na Flórida para diagnosticar o mal de Parkinson. No Japão e nos Estados Unidos, o AMI é usado para o controle médico anual exigido dos empregados, validando com isso a existência do sistema de meridianos e suas ditas associações com os órgãos.

A energia *chi*, a energia sutil vital, é absorvida do meio circundante para os pontos energéticos e através do sistema de meridianos, que se divide em doze principais grupos de meridianos que liberam energia para os órgãos mais importantes do corpo. Examess eletrográficos do corpo demonstram que os pontos de acupuntura brilham intensamente quando o meridiano ao qual estão relacionados encontra-se em desequilíbrio, proporcionando com isso um método alternativo de diagnóstico. Pode-se introduzir energia no meridiano para promover a cura pelo estímulo dos pontos de acupuntura através de pressão com os dedos, agulhas, correntes elétricas, ondas sonoras ou raios *laser*.

O professor Motoyama colocou eletrodos de cobre a uma pequena distância do corpo na frente dos chakras e conseguiu quantificar o número de fótons (unidades de luz) vindo dos chakras. A concentração em um determinado chakra pode aumentar o número de fótons emitido por esse chakra. Os meditadores de nível avançado, que têm os chakras despertos, podem aumentar o volume de luz em seus sistemas por meio da concentração do pensamento nos chakras.[12]

## *Dra. Valerie Hunt*

A dra. Hunt, principal cinesióloga da UCLA (Universidade da Califórnia, Los Angeles), também usou eletrodos, mas colocou-os sobre a pele na região do chakra. Ela registrou oscilações elétricas de alta freqüência nunca antes relatadas. Ela observou que enquanto a freqüência normal das ondas cerebrais é de 0 a 100 ciclos por segundo (cps), a freqüência muscular é de 225 cps e a cardíaca de 250 cps. Os chakras situam-se na faixa de freqüência de 100-160 cps.

Trabalhando com a clarividente e reverenda Rosalyn Bruyère, que simplesmente apreendia a cor do cliente, sem tomar conhecimento das medições feitas pelo instrumento EMG, a dra. Hunt observou que a cada vez que uma cor era mencionada, o padrão ondulatório era compatível com ela. O sinal de freqüência da luz branca é acima de 1.000 cps. A dra. Hunt observa: "Esse nível de alta freqüência é na realidade inferior ao de uma freqüência original, que se encontra na faixa de muitos milhares de ciclos por segundo — um nível inferior da energia sutil original dos chakras."[13]

## SOM E COR

Os dados mostram que as energias provenientes dos chakras são compostas de freqüências inferiores das energias sutis originalmente de freqüência mais alta. Todas essas energias são oitavas do sistema eletromagnético. Como Richard Gerber escreve em *Vibrational Healing*: "As energias sutis parecem ocupar uma faixa ampliada de freqüência nunca antes observada pelos cientistas ocidentais."[14]

A pesquisa da dra. Hunt na UCLA de fato equiparou som e cor. O espectro visível vibrou de 400 cps (vermelho) a 780 cps (violeta). As freqüências da aura variam.[15]

## OUTRAS INFLUÊNCIAS

Até agora neste livro consideramos apenas o que entra em nosso campo de energia sutil vindo do Sol. Somos, entretanto, profundamente influenciados pela luz de outras fontes — a Lua, as estrelas e os planetas — e também pelo campo geomagnético da própria Terra. É importante entender que o planeta também tem, além de uma anatomia física, uma anatomia sutil.

### *Magnetismo e Rabdomancia*

O campo geomagnético da Terra é um casulo que protege a vida de todos os seres vivos. É interessante notar que o campo é duas vezes mais potente sobre a América do Norte e a Rússia do que sobre o Brasil, uma área conhecida como "Depressão Brasileira". Instrumentos de satélite sensíveis são afetados pelas variações do campo geomagnético e o telescópio Hubble, por exemplo, tem de ser colocado na posição "sleep" ao passar sobre a "Depressão Brasileira" para não sofrer danos. O campo geomagnético é sempre ligeiramente mais intenso no lado direito do planeta, afastado do Sol. O campo da Terra estende-se no espaço em todas as direções, mas quando encontra a luz proveniente do Sol, o campo é comprimido e não vai muito longe. Um campo magnético mais intenso atravessa nossos corpos durante a noite, com linhas mais longas estendendo-se no espaço. É melhor para a saúde dormir à noite do que durante o dia. O sono é mais tranqüilo à noite porque a Terra está desviada do Sol e não sujeita às pressões radiativas da luz solar que são estimulantes para o organismo.

Nos últimos 4.000 anos, a força do campo magnético diminuiu de 4,00 gauss para 0,4 gauss (unidade de densidade do fluxo magnético). Esse fato foi descoberto pelo estudo das variações nas camadas estratificadas da Terra. O dr. William Collinge diz que pesquisas realizadas no observatório de Mount Wilson, na Califórnia, revelam que nos últimos 60 anos ocorreu uma perda de 14 por cento na intensidade total da luz, uma redução de 10 por cento na média de luz solar e uma redução de 26 por cento da luz UV.[16] Essas perdas foram relacionadas com o aumento de doenças e pragas que afetam as colheitas.[17]

Na década de 1950 no Japão, os médicos notaram a existência de uma síndrome incomum. Os pacientes apresentavam sintomas de pouca energia, insônia e dores. Descobriu-se que as pessoas portadoras desses sintomas haviam passado uma grande quantidade de tempo em prédios de metal protegidos do campo magnético natural da Terra. A síndrome ficou conhecida como "síndrome da deficiência do campo magnético" e os tratamentos com magnetos passaram a fazer parte da medicina convencional no Japão.

Correntes telúricas mais sutis e linhas subterrâneas foram também descobertas.[18] Essas podem ser detectadas pelo hidróscopo.

O rabdomante usa um pêndulo ou varinhas rabdomânticas para entrar em sintonia com seu Eu Superior com a intenção de encontrar, digamos, água, petróleo ou um objeto perdido. A adivinhação por meio de varinha mágica é uma habilidade que quase todas as pessoas têm e que é muito útil para quem a pratica regularmente e observa o quanto aumenta os seus níveis de precisão.

A pesquisa alemã nos campos de sondagem e perfuração no Sri Lanka mostra um índice de 96 por cento de êxito em 691 perfurações em comparação com uma estimativa de 30—50 por cento obtidos com o uso de técnicas mais convencionais.[19]

## *Uma advertência: cobertores elétricos*

O estudo dos campos eletromagnéticos revelou algumas relações alarmantes com a leucemia, a doença de Alzheimer e o câncer. Descobriu-se que o uso de cobertores elétricos reduz a capacidade da glândula pineal de produzir melatonina. Como a melatonina combate o câncer, isso explica o surgimento da leucemia em conseqüência do uso de cobertores elétricos.[20]

## Lua nova, Lua cheia

A influência da Lua tanto sobre o planeta quanto sobre seus habitantes é considerável. Na Lua nova, o campo da Terra pode expandir-se totalmente no espaço. Na Lua cheia, existe uma quantidade máxima de irradiação solar refletida em nossa direção e essa encontra os limites externos do planeta em algum ponto do espaço. Esse encontro de campos energéticos comprime os campos magnéticos da Terra e altera a situação energética do planeta.

Um estudo realizado durante um período de doze meses sobre as fases da Lua demonstrou uma elevação na pressão barométrica durante a Lua crescente e uma rápida diminuição na Lua cheia, freqüentemente acompanhada de perturbações climáticas, as quais, por sua vez, podem estar relacionadas com as atitudes cada vez mais violentas ou desequilibradas das pessoas. Internações em clínicas psiquiátricas revelam um padrão de comportamento psicótico no dia em que a Lua fica cheia, daí o termo “lunático” ou “de lua”. Os índices de suicídio aumentam na Lua crescente, declinam rapidamente três dias antes da Lua cheia, alcançam o nível máximo dois dias após a entrada da Lua cheia e voltam a cair seis dias após o início da Lua cheia. A experiência no mercado financeiro demonstra que é recomendável comprar ações uma semana antes da Lua cheia e vendê-las durante a Lua cheia.

## O Sol e as manchas solares

O Sol, afora seu efeito indireto pelo reflexo da Lua, exerce uma influência direta nos períodos em que as manchas solares estão em atividade, quando intensas explosões magnéticas sobre o Sol resultam numa maior irradiação solar com perturbações geomagnéticas e índices mais elevados de atos violentos e distúrbios mentais.

## *Os Planetas*

Parece que a luz proveniente dos planetas também tem uma influência energética sobre nós. O pesquisador francês Michel Gauquelin descobriu que os atletas famosos nasceram mais provavelmente quando Marte estava em ascensão ou em seu zênite.[21] Isso é o que ficou conhecido como "efeito de Marte", que tem sido investigado pelo pesquisador alemão Suitbert Ertel sobre milhares de atletas.[22]

Gauquelin também notou que estatisticamente Júpiter tem relação com a política, o teatro, o cinema e o jornalismo. Saturno tem a mesma relação com as ciências e a Lua com a escrita. Essas descobertas não podem ser explicadas pelas leis da física, que teriam de se basear na energia do sistema eletromagnético ou gravitacional. A relação deve provir de uma dimensão além da física, não dos próprios planetas, mas como parte de uma influência de origem arquetípica mais abrangente. Como diz o dr. Collinge: "O posicionamento dos planetas resulta da disposição de energias em outra dimensão. Até hoje não sabemos o que elas são."[23]

# CONCLUSÕES

A que conclusões podemos chegar a partir desse conjunto de dados? Parece que a matéria, "partículas de luz congelada", como Richard Gerber a descreve, está organizada em sistemas que são multidimensionais e mantidos em equilíbrio, coexistindo da mesma maneira que as ondas de rádio e televisão coexistem no mesmo espaço porque suas freqüências são diferentes. Existe um campo de energia holográfico formado de chakras, *nadis* e meridianos, todos parte de um sistema eletromagnético que, até certo ponto, é mensurável. Há uma ligação com a consciência e a meditação que pode aumentar de modo mensurável a energia que vem do sistema dos chakras. É o coração, mais do que o cérebro, que produz a energia mais elevada e, quando em estado de paz e amor, ele pode efetivamente enviar essa energia para pessoas e lugares, desconsiderando as chamadas limitações do tempo e do espaço.

Vamos retornar à aura, chamada por Edgar Cayce, o Profeta Adormecido, de "catavento da alma".[24] O homem primitivo e pré-histórico tinha uma sensibilidade para perceber a aura que a maioria de nós perdeu. Entretanto, os aborígines falam hoje em "entregar-se ao vento" quando querem sintonizar-se com a aura do ambiente. Eles podem rastrear o caminho seguido por um homem morto há muito tempo e conseguem apagar a própria aura para tornarem-na invisível. Um paralelo interessante hoje é o relato de James Twyman em *Emissary of Light*, no cenário da Bósnia dilacerada pela guerra, sobre o uso desses poderes para tornar a aura invisível. Aos poucos, está surgindo um novo respeito por esses dons intuitivos há muito esquecidos na maioria de nós e há uma nova disposição para desenvolver uma parte essencial e negligenciada de nossa psique.

Para concluir este capítulo, que começou com uma referência à visão mediúnica de Besant e Leadbeater no século XIX, vamos deixar que uma vidente e terapeuta contemporânea descreva o seu trabalho com os corpos sutis. Barbara Brennan, que trabalhou como cientista da NASA depois de concluir seu mestrado em física atmosférica na University of Wisconsin, Estados Unidos, descreve as camadas acima do terceiro corpo, o corpo mental, da seguinte forma:

> "Cada uma das camadas acima do terceiro corpo é toda uma camada de realidade com seres, formas e funções pessoais que vão além do que costumamos considerar humano. Cada uma é todo um mundo no qual vivemos e temos nossa existência. A maioria de nós tem acesso a essas realidades durante o sono, mas não se lembra delas."[25]

Barbara Brennan tem também consciência plena do efeito das drogas e do álcool sobre a aura e, nas esferas superiores, dos guias que auxiliam o processo de cura através dela e da luz dourada.

Para entender como a luz pode ser usada para curar, vamos agora examinar a "linguagem" da luz.

# 5
# A linguagem da luz: bioinformação e fototrônica

**"A luz está presente em cada uma das células de nosso corpo. Ela é extremamente fraca — a intensidade da chama de uma vela vista a uma distância de 25 quilômetros — radiação de células vivas [...] o propósito é a regulação e a comunicação intra e intercelular."**

*Dr. Fritz-Albert Popp*

Já lhe ocorreu alguma vez pensar no quanto você é poroso? Que por mais sólido que se ache, você é na realidade extremamente absorvente? É verdade que usamos expressões como "frio que penetra nos ossos", "sugar o calor do sol", "absorver informações e situações", "ser invadido por música ruidosa" ou "por atitudes agressivas" e "irradiar saúde". Como uma esponja nós absorvemos, expelimos, ingerimos, recebemos e transmitimos. Chegamos às vezes a nos identificar com o que absorvemos, pois parece que somos absorvidos por ele. "Eu sou a música enquanto ela dura", escreveu Walter de la Mare. Posso lembrar de quando estive deitada numa encosta do Himalaia sentindo a pulsação da Terra e em comunhão com ela. Outras pessoas tiveram experiências semelhantes. Em silêncio e imóveis podemos perceber quão pouco, ou nada, nos separa do resto da criação e quão profunda é a ligação entre nós. Jacob Liberman observa que a composição química da clorofila nas plantas e da hemoglobina nos seres humanos difere muito pouco — nós reagimos como as plantas à luz do Sol. Reconhecemos em nós mesmos algo de simbiose — vivemos como parte de um organismo maior do que nós. Essa consciência, particularmente com respeito à luz, pode ser ilustrada com as seguintes reações grupais e individuais ao Sol como fonte de luz, criatividade e cura.

## OS UFAINI

Na Amazônia colombiana vive uma pequena comunidade de 150 índios ufaini com sua crença na força vital que eles chamam de *fufaka* e que acreditam estar presente em todos os seres vivos, que provém do Sol e que também os impregna com "pensamentos criativos". Essa força por si só revela um paralelo interessante com o deus grego Apolo, cuja esfera de influência incluía tanto o Sol físico como as artes criativas, especialmente a música.

Para os índios ufaini, quando *fufaka* chega à Terra, ela passa a circular incessantemente entre plantas, animais e seres humanos. Cada grupo necessita de um mínimo de energia para viver e considera-se que esse mínimo é tomado emprestado do estoque total. O que é importante para eles é a reciclagem da *fufaka* de uma espécie para outra para que ela não fique acumulada em nenhuma, privando as outras e perturbando o equilíbrio natural. A energia do Sol é vista e valorizada holisticamente para benefício e equilíbrio do todo.

A supervisão dessa distribuição equitativa é feita pelos xamãs da tribo, que têm contato com os guardiães dos animais e de outras espécies vivas. Os guardiães podem ser uma serpente *boa,* um sapo, um lagarto ou um jaguar. O xamã negocia os direitos à caça e à pesca para manter o equilíbrio ecológico dos recursos.

O xamã, ou Homem Jaguar, que é o mediador dessas forças e cura os desequilíbrios, submete-se a um treinamento rigoroso de abstinência e meditação. Cabe a ele decidir se a tribo terá de mudar de lugar em conseqüência de a área ter sido exaurida de seus recursos. Seu treinamento permite que ele veja as energias na flora, na fauna e na aura das pessoas. Nos dias de hoje, tais "sensibilidades extraordinárias" estão diminuindo e, com a chegada da "medicina branca" e sua exploração, a floresta está perdendo sua identidade cultural e surgem novas doenças resultantes da colonização, que infelizmente o xamã não pode curar. Os xamãs são figuras dotadas de um saber simbiótico tão grande que sabem como viver em equilíbrio com a fonte da vida e da criação, tanto fora como dentro, que seus poderes nos lembram do que os seres humanos perderam e que tanta falta lhes faz. Devo essas informações a Martin von Hildebrand e espero que as pessoas interessadas possam ler seu ensaio "Gaia and Culture: Reciprocity and Change in the Colombian Amazon" e outros que fazem parte da excelente antologia intitulada *Gaia in Action.*[1]

## SHIN E O SOL

O segundo exemplo provém do Japão moderno. Um homem de negócios, Shin, amigo do dr. Andrew Weil, que relata seu caso em *Spontaneous Healing,* foi informado de que estava com câncer. Ele ignorou a recomendação do praticante leigo de medicina oriental — de seguir um tratamento de acupuntura acompanhado de uma dieta macrobiótica — e não demorou a ir parar no hospital e receber fortes doses de quimioterapia, apesar de os médicos não o terem informado da gravidade de sua situação para não deixá-lo deprimido. Pelo que parece, essa é uma prática comum.

No entanto, Shin teve um sonho vívido de que estava assistindo a seu próprio funeral, o que o fez compreender que estava muito doente e que poderia morrer. Seu sentido do olfato havia se tornado tão intenso que ele achava a clínica, com sua combinação de odores de corpos e de comida sendo preparada, insuportável e sabia que precisava fugir. Quando ficava escuro, ele escapulia para um lugar seguro em busca de ar puro, no telhado do hospital. É claro que ele acabou sendo encontrado pelos médicos e levado de volta. Ele foi repreendido severamente.

Teria de seguir as normas ou ir para casa. Shin ficou felicíssimo, deu-se alta e foi para casa para seguir seu regime macrobiótico.

No dia seguinte, Shin despertou, feliz por estar vivo e com um grande desejo de ver o Sol raiar. Subiu ao telhado do edifício de oito andares em que morava e contemplou o horizonte de Tóquio. Recitou mantras e poemas budistas, uniu as mãos para rezar e ficou aguardando o Sol raiar.

Quando ele surgiu, um raio penetrou em seu peito, enchendo todo o seu corpo de energia:

> "Eu senti que algo maravilhoso estava prestes a acontecer e comecei a chorar. Estava simplesmente muito feliz por estar vivo. Vi o Sol como se fosse Deus. Quando desci de volta para meu apartamento, vi auras em volta de todos os membros de minha família. Vi Deus em cada um deles."[2]

## INTERLIGAÇÃO

Ambos esses exemplos confirmam a visão holística de que toda a natureza é um todo interligado que vibra em uníssono. Os padrões dessa totalidade com respeito ao Sol e à luz são inspiradores e estão em sintonia tanto com a biologia quanto com a ecologia. A interligação e a cooperação são também observadas pelas comunidades primitivas.

Essa interligação é também demonstrada pela obra de dois eminentes cientistas contemporâneos. Lembro-me bem de ter ouvido Mae Wan Ho, professora de Biologia da Open University, fazendo uso da palavra numa conferência na Scientific and Medical Network alguns anos atrás. Desde então, ela vem fazendo parte do grupo de cientistas que lidera a campanha contra os alimentos geneticamente modificados.[3] Eu fiquei igualmente entusiasmada ao ler a obra do dr. Fritz-Albert Popp sobre a emissão de luz humana em *Network*, publicação da Scientific and Medical Network.[4] Esses dois cientistas, Popp e Ho, no ensaio que escreveram, "Gaia and the Evolution of Coherence", em *Gaia in Action*, demonstram a unidade básica entre física e biologia. Eles demonstram que a luz solar é absorvida pela clorofila (o pigmento colorido dos vegetais) em pacotes individuais, ou quanta, chamados fótons. Essa energia penetra num elétron excitado que, no percurso de volta a seu estado mais estável, percorre todo o corpo, distribuindo suas energias para promover o crescimento, a diferenciação, as sensações e os movimentos. Quando os animais se alimentam de plantas ou de outros animais, eles absorvem essa energia vegetal/solar. Tanto a energia como os processos químicos demonstram que a vida é uma unidade dinâmica, "a conseqüência da luz solar percorrendo um sistema aberto".

Ho e Popp concluíram que, longe do que anunciou Darwin, a evolução é, na verdade, não o resultado da disputa e da força, mas da capacidade de comunicação. Ela não é tanto produto do desenvolvimento de espécies individuais, mas de sistemas vivos interligados em um todo coerente.

Enquanto examinava os campos eletrodinâmicos nos sistemas vivos, o dr. Popp observou que esses sistemas são tanto emissores quanto receptores de sinais eletromagnéticos que ocorrem numa vasta faixa de freqüências. Ele e seus colaboradores demonstraram que praticamente todos os organismos emitem luz de intensidades extremamente fracas. O dr. Popp declara: "O funcionamento de todo o nosso metabolismo depende da luz [...] as células vivas normais emitem uma corrente regular de fótons pela linguagem da luz." Ele fornece evidências de que as células vivas passam adiante as informações biológicas através dos fótons, citando o dr. Jacob Liberman: "[Nós] curamos a nós mesmos com aquilo que é nossa essência."

Jack Allanach, autor de um relato fascinante sobre a vida e a obra de Peter Mandel, criador do método colourpuncture*, em seu livro *Colour Me Healing*, informa que, já em 1922, o biólogo russo Alexander Gurwitsch observou que assim como a chama de uma vela pode saltar para acender o pavio de outra apagada, também as células de um talo de cebola iniciam o processo de mitose ou divisão em novas células assim

* Sistema de acupuntura no qual as agulhas são substituídas por pontos de luz colorida. (N. da T.)

que são colocadas próximas das raízes de outra cebola. A teoria popular da época era que o desenvolvimento celular era regulado por moléculas químicas transmissoras, mas Gurwitsch estava convencido de que o transmissor era a luz em forma de luminescência fraca. Para demonstrar isso, ele providenciou para que os talos de cebola não se tocassem fisicamente, separando-os com vidro. Com o vidro comum usado em janelas, não ocorreu nada, mas com o vidro quartzífero, que permite a passagem da luz ultravioleta, o crescimento na segunda cebola foi estimulado e a mensagem de crescimento transmitida.

Jack Allanach observa que a luz é composta pelo gradiente de cores do arco-íris, cada uma delas significando uma relação específica com a nossa saúde. Quando a informação contida em cada cor é irradiada para as células afetadas, "a notícia da cura é passada de uma célula para outra".[5] Essa é a base de toda cromoterapia e, neste caso específico, da "colourpuncture".

O dr. Popp informa que depois de 50 anos e 5.000 experimentos conduzidos por três outros cientistas soviéticos além de Gurwitsch, a luz é de fato o transmissor de informações biológicas. Ele relata mais um experimento no qual células vivas em uma solução de nutrientes foram colocadas em dois frascos hermeticamente fechados de vidro quartzífero. As células de um dos recipientes foram infectadas por um vírus. Quase imediatamente, as células do segundo recipiente ficaram igualmente doentes. O próprio vírus não foi transmitido. As células infectadas simplesmente transmitiram a informação de que estavam doentes. As células do segundo frasco receberam essa informação e "solidarizaram-se" com as doentes.[6]

Em um documentário exibido em 1995 pela televisão ítalo-suíça, o dr. Popp mostrou células falando umas com as outras em longas e curtas explosões de luz, de maneira semelhante ao código Morse.[7]

## ALIMENTOS ORGÂNICOS E EMISSÕES DE BIOFÓTON

O dr. Popp e sua equipe de pesquisadores também demonstraram que tomates cultivados organicamente apresentaram cinco vezes a emissão de biofótons do que os tomates cultivados convencionalmente com o uso de fertilizantes. Os ovos das galinhas criadas soltas apresentaram duas vezes a quantidade de biofótons emitida do que os das galinhas criadas em cativeiro. O óleo da semente de girassol reduz drasticamente a emissão de biofótons quando é refinado e lhe são adicionados conservantes.[8]

O poder curativo da bioinformação em plantas saudáveis organicamente cultivadas foi o foco de atenção do trabalho do falecido cientista, natural da Alemanha, Werner Kropp.[9] Ele acreditava que podia transmitir essa informação para ajudar os sistemas biológicos que estivessem em desequilíbrio, usando água ou óleo como meio transmissor. O sistema celular captaria a informação de que necessitava para funcionar devidamente — uma evidência real da inteligência das células.

"Os sistemas biológicos funcionam com base em informações energéticas transmitidas via correntes elétricas extremamente fracas", Kropp disse a Jack Allanach quando visitou seu laboratório em Lucarno, Suíça, em 1995. "Distúrbios nas condições elétricas de uma célula levam a doenças ou degeneração das células. Para curar o distúrbio, o meio natural tem de ser restabelecido; isso significa que a informação energética deve ser corrigida."[10]

Em seus produtos Wekroma, que são amplamente usados por naturopatas europeus, Kropp fez constar essa bioinformação, essa "luz armazenada", em transmissores inofensivos — água, óleo, rocha pulverizada — para uso interno e aplicação externa.

Podemos, portanto, ver que existe uma linguagem da luz pela qual as células transmitem informações de modo seletivo e proposital. Em 1989, o pesquisador e professor russo Kaznacheev provou que existia no corpo canais de luz correspondentes aos meridianos da medicina chinesa.[11] Essas linhas energéticas, como correntes de informação, atravessam o corpo interna e externamente, criando uma grade etérea na qual os quanta da luz se movem.

## A ERA DA INFORMÁTICA

A informática, entretanto, inicialmente baseada na eletrônica, está agora passando para o campo emergente da tecnologia das ondas de luz, ou fototrônica. Parte dela já nos é familiar.

Mais de 96 milhões de cabos de fibra ótica, por exemplo, levam a todo o mundo vozes, imagens e textos através de impulsos de luz. O cabo de fibra ótica é envolto por um revestimento de vidro tão fino quanto um fio de teia de aranha e mais fino do que um fio de cabelo humano. A luz percorre o seu interior. Uma conversa telefônica, por exemplo, é decodificada digitalmente em vibrações de luz que são propagadas em pulsos para o seu destino. Ao chegar, elas são decodificadas de volta para a voz de quem está chamando. É surpreendente saber que um cabo de fibra ótica pode transmitir simultaneamente 200.000 conversas telefônicas.

Estamos também familiarizados com o raio *laser* utilizado em cirurgias, impressões gráficas, artes e armamentos. Reconhecemos os leitores ópticos de códigos de barras nos caixas de supermercados e nos sistemas de serviços via Internet. Algumas pessoas utilizam hologramas para desenharem pelo computador. Conhecemos também as tecnologias solares — aquecedores solares, células solares para satélites potentes e conversões de energias fotovoltaica e térmica solar.

A linguagem da luz também está sendo usada de inúmeras outras formas. Como nos recursos tecnológicos usados para produzir imagens televisivas, telas de cristal líquido. Nas biotecnologias usadas para aglutinar genes, desenhar, na engenharia molecular e nos aparelhos que sintetizam automaticamente os conjuntos de genes. Nos seqüenciadores de DNA que rapidamente decodificam o código DNA nas células. Produtos químicos e genes são codificados e rastreados pelo uso de luciferases. Instrumentos de medição de objetos minúsculos, trabalhando em alta velocidade e em todos os níveis de miniaturização, aparelhos que aglutinam e reparam moléculas.

Hazel Henderson, a célebre futurista e autora do livro *Paradigms in Progress: Life beyond economics*, do qual essas informações foram extraídas e pelas quais sou profundamente agradecida, também observa que os fótons (luz solar) que atingem a Terra podem fornecer energia suficiente em dez minutos para colocar todos os seus cinco bilhões de habitantes em órbita! Ela observa ainda que a física quântica e a constante de Planck revelaram que a luz é mais fundamental para o universo do que a energia, a matéria ou o tempo.[12]

## A REVOLUÇÃO BIOTECNOLÓGICA

Desde os anos de 1970, e particularmente no campo da engenharia genética com sua privatização do DNA, essa revolução entrou em marcha acelerada. Pode-se questionar o uso da reação em cadeia da polimerase (PCR), método que reproduz de modo rápido e confiável milhões de cópias de uma amostra de DNA. Hoje, a herança genética de todo o planeta, inclusive o próprio DNA, pode se tornar, e legalmente nos Estados Unidos, propriedade privada. Quais as diretrizes morais que guiam uma situação como essa?

### As Tecnologias Fototrônicas

Além das tecnologias eletrônicas existem hoje as fototrônicas — prodígios de velocidade e miniaturização. O novo *superchip* de 0,25 mícron é 400 vezes mais fino do que um fio de cabelo humano e até mesmo os métodos de impressão ótica mais avançados que existem hoje terão de dar lugar a freqüências mais altas no espectro e na litografia a raio X.

### Microtecnologia e Biomimetismo

O uso de materiais microfásicos, como os cristais medindo menos de 100 nanômetros de diâmetro (menores do que a maioria dos vírus), está sendo estimulado pelo Ministério do Comércio Exterior do Japão. Eles lançaram um programa de dez anos de iniciativas microtecnológicas com a expectativa de a indústria financiar até a quantia de 100 milhões de dólares.

A tecnologia biomimética, como o nome sugere, imita a natureza. Novos materiais de construção imitam a estrutura molecular das conchas de haliotes na produção de blindagem resistente ao impacto para tanques e aviões militares. No passado, a tecnologia imitou os pássaros para inventar o avião e a fotossíntese para desenvolver as tecnologias de conversão da luz. A visão e o mundo dos insetos serviram de inspiração para a invenção do radar. O desafio máximo para os inventores de computadores é o cérebro humano.

## CONCLUSÃO

A explosão atual de informações e de novas tecnologias não traz, entretanto, necessariamente a iluminação. A informação pode ser equivocada, desinformação ou mera propaganda. A tecnologia pode ser usada para nos beneficiar ou prejudicar. Não precisamos saber cada vez mais sobre cada vez menos. Ao contrário, necessitamos de novos padrões significativos e de uma transformação de nossa visão de mundo, fragmentada e reducionista como ela é, em um novo paradigma com base na consciência planetária dos recursos renováveis, uma compreensão mais profunda da natureza e uma abertura para as incertezas que contêm o potencial para a criação de novos padrões. A ciência tradicional desde Descartes perseguiu a certeza, o equilíbrio, a previsão e o controle. Uma visão mais ampla, holística, está se impondo hoje sobre nós e nossas novas constantes nesta era pós-cartesiana são a mudança e a incerteza. Como já vimos, tudo está interligado, por maior que seja a distância e mesmo que não haja nenhuma ligação aparente. Isso pode levar a ciência ocidental e as tradições espirituais e religiosas a encontrarem uma nova síntese e um novo propósito.

Ao concluir este capítulo com as microtecnologias sofisticadas, vem-me à memória duas anedotas que falam da simbiose com a qual começamos o capítulo. A primeira vem do Congo, onde um visitante europeu observou uma mulher dançando sozinha sob a Lua em uma clareira na floresta. O visitante aproximou-se dela e perguntou por que estava dançando sozinha. Ela respondeu que não estava dançando sozinha, mas com a Lua. Ela estava expressando uma integração que os ditos "países avançados" precisam aprender.

Algo semelhante ocorreu enquanto eu estava escrevendo este capítulo, quando por acaso assisti a um documentário sobre Ayers Rock, Uluru, o lugar sagrado dos aborígines australianos. Lá, intencionalmente ou não, os preciosos recursos hídricos limitados e não-renováveis da região que poderiam assegurar a vida das tribos aborígines por alguns séculos estão sendo esbanjados nas piscinas construídas para transformar Uluru em atração turística para visitantes que provavelmente não passarão ali mais de 36 horas. Nossa falta de sensibilidade e nosso materialismo são impressionantes.

Ainda assim espera-se que novos princípios de interligação, redistribuição, não hierárquicos e de indeterminação surjam numa nova Era de Luz, como prevê Hazel Henderson, atualizando a afirmação de David Bohm de que cada célula contém o "todo" e que "toda matéria é luz congelada".

# 6
# Terapias da luz

Cerca de dez anos antes de eu começar a estudar cromoterapia, ouvi Theo Gimbel falar em Birmingham. Todo um mundo novo abriu-se diante de mim naquela noite inesquecível. Na época, eu lecionava no College of the Ascension em Birmingham, escola que forma os missionários da Igreja Anglicana. Eu havia acabado de chegar da Índia com uma necessidade de explorar tudo o que dizia respeito à cura do corpo, da mente e do espírito.

Na escola que eu havia acabado de deixar havia ocorrido um incidente que me levara a tomar esse novo rumo. Uma garota de um nível avançado, que estava prestes a prestar os exames que lhe dariam o diploma, começou a entrar num estado que parecia algo entre o ataque epiléptico e o coma. Todos os seus músculos se contraíram, ela contorcia-se e parecia inconsciente. O médico não conseguiu fazer nada. O pastor fez uso da imposição das mãos, embora ela fosse hinduísta. Os amigos dela ficaram acariciando-a e passando as mãos em seus cabelos, e nós todos oramos juntos. Massageando seus punhos cerrados, conseguimos aos poucos abri-los e ela recuperou a consciência. Ela queria prestar os exames, nós sabíamos, e foi carregada para a sala onde estavam sendo realizados e uma caneta foi colocada entre seus dedos e polegar rijos. A comissão responsável pelos exames de Delhi concedeu nosso pedido de quinze minutos adicionais para cada prova. Isso ocorreu em duas ou três ocasiões durante todo o período de exames, mas a garota conseguiu realizar todas as provas e obter o grau B, como havíamos esperado. Afinal, tudo acabou bem. Só muito mais tarde é que tomei conhecimento do trauma subconsciente que ela não conseguira nos comunicar na época. Pelo que parece, ela estava em vias de ficar noiva de um homem que já era casado, conforme ficou comprovado. A última notícia que tive da garota dizia que ela estava feliz vivendo no Canadá. Entretanto, para mim o acontecimento constituiu uma motivação para aprender mais sobre a cura da pessoa como um todo integrado.

Passei de Birmingham para um contrato de cinco anos como diretora de Burrswood, uma casa de saúde cristã fundada por Dorothy Kerin em 1948 em Groombridge, perto de Tunbridge Wells, em Kent. A própria Dorothy havia sido curada milagrosamente em 18 de fevereiro de 1912. Ela havia sido desenganada por 28 médicos e o último deles havia dito à sua mãe que voltaria na manhã seguinte para assinar o atestado de óbito. Ela tinha 22 anos de idade.

O relato feito pela própria Dorothy de sua cura naquela noite, em seu livro *The Living Touch*, oferece uma imagem fidedigna de como ela percebeu o que aconteceu com ela às 9,30 horas da noite de 18 de fevereiro de 1912. Depois de anos de doença (peritonite tuberculosa e diabetes são mencionadas) e um coma de três semanas, do qual não havia esperança de recuperação, ela sentou-se na cama. Evidentemente que ela estava conversando com alguém, mas as 16 pessoas pasmas que estavam em seu quarto não puderam ouvir o diálogo. Dorothy voltou-se então para sua mãe e disse que estava bem — e com fome. Trouxeram-lhe leite quente, mas ela levantou-se da cama e vestiu seu roupão. Ela descreve como apoiou o braço na luz que veio até seu lado direito e guiou-a escada abaixo, dois andares, até a despensa, onde colocou numa bandeja carne fria, nozes em conserva e doce (arroz-doce, contou-me sua irmã Eve anos depois). Ela subiu as escadas e, sentada na cama, comeu tudo sem nenhum efeito maléfico. Ela conversou com sua família até a meia-noite e depois dormiu. Na manhã seguinte, quando o dr. Norman chegou para assinar o atestado de óbito, ela desceu correndo as escadas para ir ao seu encontro. Como era de se prever, ele ficou espantado ao notar que ela havia ganho peso e que havia força nos músculos de suas pernas quando voltou a subir as escadas.

O relato que se segue merece ser lido, por ter levado a igreja instituída a cinqüenta anos de conscientização do poder de cura de Cristo. Em 1962, um culto de ação de graças para marcar o 50° aniversário de sua cura foi realizado no campo de St. Martin em Londres. A BBC entrevistou-a sobre aquela noite de 1912. Dorothy disse que de fato morrera — havia perdido o pulso por oito minutos — mas quando ela esperava permanecer onde estava, disseram-lhe que ainda não era a sua hora. Quando lhe fora perguntado, "Você voltaria em meu lugar?, não lhe ocorrera que respondendo "Sim", voltaria completamente curada. Dorothy disse, numa frase que agora pode parecer um pouco estranha, "Em um piscar de olhos, eles me deixaram inteiramente curada". Ela declarou que Deus e unicamente Deus a curou, quando todos os médicos a haviam desenganado.

Anos depois de sua cura, ela fundou uma casa de saúde, primeiro em Londres e depois em Kent, nomeando um médico e enfermeiras, mas unindo a formação profissional deles com seu dom carismático de imposição de mãos e o discernimento que lhe permitia ver e dizer, talvez em apenas uma ou duas palavras, o que precisava ser ouvido. Ela ouviu a mesma voz que havia lhe perguntado se voltaria, pedindo-lhe agora que construísse uma igreja no jardim de rosas. Ela construiu a igreja que foi consagrada em um ano — a Igreja do Cristo que Cura. Dorothy morreu em 1963, mas os serviços de oração e cura continuam ali até hoje. Os visitantes são bem-vindos às sessões de cura que são realizadas três vezes por semana. Há uma hospedaria, uma casa de saúde e uma piscina para hidroterapia. Os jardins, lindos em todas as épocas do ano, são particularmente belos em maio, quando os rododendros são cascatas de cores.

Durante o tempo que passei em Burrswood, consegui com outras pessoas introduzir seminários para estudantes de teologia e medicina sobre a natureza da oração e da cura. O fato de a primeira criança a vir para a casa ser do Paquistão deu-me um prazer muito especial. O pai do menino o havia trazido para uma cirurgia do coração em um dos grandes hospitais de Londres e depois até nós para a convalescença. Ele não sabia dizer nenhuma palavra em inglês, mas eu sabia o suficiente de hindi para perguntar-lhe o que gostaria de comer. Ele olhou-me espantado e respondeu "condimento de manga". Assim o amor, naquele dia, foi condimento de manga. Quando ele veio se despedir e eu disse "Deus te abençoe", seu pai fez a seguinte interpretação: "Ela está pedindo a Alá que o abençoe e, realmente, meu filho, sem Ele não há nenhuma cura."

Eu aprendi muito nos anos que passei em Burrswood. Quando meu contrato terminou, estava preparada para explorar o campo da medicina complementar. Treinei com Theo Gimbel no Hygeia College of Colour Therapy em Gloucestershire. Aquele ano, 1987, foi um período extraordinário para mim e precisei de outros dez anos para integrar todo aquele mundo novo. Fiz um treinamento complementar em radiônica e fundei o Meridian Centre em Uckfield, Sussex, para tratamento e ensino.

Mais tarde, com outros cromoterapeutas, participei da organização da "LIGHT '98 conference" na Reading University, a primeira desse gênero a ser realizada na Grã-Bretanha, para todos os que faziam uso da luz nas medicinas ortodoxa e complementar e na educação preventiva. A conferência foi inspirada em uma realizada nos Estados Unidos em 1992, a Light Years Ahead, e muitos dos que haviam participado dela, estiveram conosco na Reading. A "LIGHT '98" foi em parte transcrita no suplemento do *The Sunday Times* de 16 de agosto por Peter Martin, que já estava escrevendo um artigo sobre luz para *The Sunday Times* quando soube da conferência e, quando chegou, encontrou muitos dos que já havia entrevistado na conferência dos Estados Unidos.

A cura com a luz tem sido tema não apenas de conferências, mas também de toda uma biblioteca de livros, de maneira que qualquer tentativa de cobri-la em toda a sua extensão e utilidade tem de ser extremamente seletiva. Por isso, depois deste longo preâmbulo, este capítulo será dividido em três partes: a primeira apresenta uma abordagem resumida dos pioneiros da terapia da luz; a segunda oferece uma visão geral do que infelizmente não é possível tratar em profundidade; e a terceira é uma revisão das modalidades atuais de terapias da luz que são novas para o Reino Unido.

## OS PIONEIROS DA TERAPIA DA LUZ

Já mencionamos aqueles que exploraram a natureza da luz e desenvolveram métodos de aplicá-la ao tratamento médico (Ver Capítulos 1 e 2). Devemos também mencionar aqueles que foram os pioneiros na aplicação da luz e da cor nos Estados Unidos e na Europa nos últimos 100 anos.

### *Os Precursores*

Em 1876 nos Estados Unidos, Augustus Pleasanton já utilizava a luz azul para relaxar as glândulas, o sistema nervoso e os órgãos. Em 1887, Seth Pancoast usava as luzes vermelha e azul para estimular e relaxar o sistema neurovegetativo autônomo. Em 1878, o dr. Edwin Babbitt, autor de *Principles of Light and Colour*, criou o "disco cromático" para emitir luz para o corpo e o "elixir solar" ou água energizada pelo sol. Essa prática de "solarizar" a água colocada em recipientes de diferentes cores deveria ser ressuscitada e conhecida mais amplamente.

### *Royal Rife*

Durante a década de 1920, em San Diego, Califórnia, Royal R. Rife desenvolveu um microscópio que iluminava os diferentes espécimes com luz polarizada e mostrava que cada microorganismo tinha sua própria cor. A partir disso, ele descobriu que cada organismo também tinha sua própria freqüência vibratória e criou o instrumento conhecido como "Rife Beam Ray" (Raio de Luz Rife) capaz de gerar um campo eletromagnético sintonizado com essa freqüência. A aplicação do princípio da ressonância vibratória permitiu que Rife conseguisse destruir bactérias ou vírus e curar doenças infecciosas.

Rife acreditava que o câncer era causado por um vírus ou microorganismo e, isolando esse organismo dos tecidos cancerosos, ele conseguiu descobrir sua freqüência vibratória. Em 1934, ele participou de experimentos da University of Southern California, que resultaram num índice acima de 90 por cento de cura de todas as formas de câncer.[1]

Lamentavelmente, a pesquisa de Rife foi proibida pelas autoridades médicas, por não terem conseguido se associar a ele, e os médicos que estavam usando com êxito o "Raio de Luz Rife" tiveram de desistir por medo de irem parar na lista negra. Um laboratório criado para estudar o Raio foi destruído por um incêndio de causa não esclarecida, enquanto o próprio Rife enfrentava acusações forjadas nos tribunais da Califórnia. Contudo, sua obra está sendo hoje parcialmente ressuscitada.

## Dinshah Ghadiali

Na década de 1920, Dinshah Ghadiali desenvolveu o espectrocromo e um sistema "tonal" de emissão de luz colorida para diferentes áreas do corpo. Nas décadas de 1940 e 1950, a Food and Drug Administration acusou-o de charlatão e proibiu tanto a exportação de seu equipamento como a difusão de suas idéias. Uma aluna dele, a dra. Kate Baldwin, médica-chefe de um hospital da Filadélfia, foi testemunha em seu julgamento em 1926. Naquela época, ela já tinha 37 anos de prática médica e fazia amplo uso da luz em sua prática hospitalar e parece que quase exclusivamente em seu consultório particular. Apesar de ter declarado que "Eu consigo obter resultados mais rápidos e eficazes com o uso da cor do que com a combinação de quaisquer outros métodos e com menos danos para o paciente"[2], a FDA pronunciou-se contra ele.

Dinshah Ghadiali morreu em 1966, mas sua obra está sendo levada adiante por seu filho Darius. Há um vislumbre de esperança de que a FDA volte a considerar sua obra sob uma luz mais favorável. Pode-se obter tanto seu livro *Let There Be Light* como o vídeo através da Dinshah Health Society, em Malaga, New Jersey.[3]

## Dr. Harry Spitler

Na década de 1920, o dr. Spitler fundou o College of Syntonic Optometry, com base nos 19 princípios ou efeitos sintônicos da luz sobre o sistema corpo-mente. Ele criou um método terapêutico de emissão de luz para os olhos "para colocar todo o sistema neurovegetativo autônomo em equilíbrio" e, em 1941, ele explicou seus métodos em *The Syntonic Principle*. O estabelecimento criado por ele encontra-se atualmente em plena prosperidade. Jacob Liberman foi um de seus últimos presidentes. *The Journal of Optometric Phototherapy*, publicação oficial da instituição, é editado pelo dr. Sam Pevsner. Os princípios sintônicos constituem a base de toda terapia ocular da luz.

## *O relatório da conferência "Light Years Ahead"*

Esse relatório brilhante organizado pelos doutores Brian Breiling e Lee Hartley, que também contribuem com escritos próprios, e publicado em 1992, é altamente recomendado como uma visão geral das pesquisas dos doutores John Downing e Norman Shealey sobre os efeitos neurofisiológicos do tratamento com a luz LUMATRON (*ver página 98*).[4]

Nele, há também uma parte fascinante dedicada ao uso da luz na psicoterapia e à obra de Steven Vasquez, PhD (Brief Strobic Phototherapy), além de outras partes sobre o uso da luz na acupuntura, na quiroprática e na educação, todas de grande interesse — e não menos sobre o trabalho de Mary Bolles, fundadora do Sensory Institute, no Colorado. Ela trabalha principalmente, mas não exclusivamente, com crianças autistas e disléticas, tratando-as com um método que combina luz, som e movimento. Mary Bolles apresentou seu trabalho na conferência LIGHT '98 da Reading University e foi também calorosamente recebida. Infelizmente, até agora não há ninguém no Reino Unido fazendo esse trabalho, embora parte do trabalho de Mary seja conhecida. O valor específico de seu trabalho está na combinação das três modalidades.

## *Jacob Liberman*

Jacob Liberman, que abre e finaliza o *Relatório* e que também escreveu dois livros, *Light: Medicine of the Future* e *Take Off Your Glasses and See*, já mencionados, é realmente inspirador. Ouvi Jacob falar pela primeira vez num encontro de Místicos e Cientistas organizado pela Scientific and Medical Network por volta de 1995. Li seus dois livros, tirei os óculos e dirigi cerca de 32 quilômetros até Eastbourne, inicialmente tremendo um pouco, devo confessar, mas logo encantada pelo fato de estar podendo enxergar e aferir distâncias de um modo que nunca imaginara ser possível.

Em 1997, alguns de nós convidamos Jacob para um almoço em Londres com o propósito de discutir a idéia da conferência LIGHT '98 na Reading University. A partir daquele momento, ele passou a apoiá-la, sugerindo contatos e participando ele próprio com duas apresentações e um seminário que durou todo um dia em Londres. Ele concordou em ser um dos patronos do LIGHT Trust e, neste momento, está ajudando a planejar a próxima conferência em Cambridge a ser realizada no período entre 30 de junho e 7 de julho de 2001. Esperamos que ele participe dela também.

## *Os pioneiros da terapia da luz no Reino Unido*

Nesta apresentação resumida, temos de mencionar Theo Gimbel, o fundador do Hygeia College of Colour Therapy em Gloucestershire e da International Association for Colour. Vicky Wall foi a primeira cega a participar da fundação cromoterápica Aura-Soma e Marie Louise Lacy fundou primeiro a fundação Know Yourself Through Colour e depois a Wholistic Creative Environments. Existe farta documentação sobre o trabalho desses três pioneiros. Também tem-se escrito exaustivamente sobre o vasto campo da terapia de cristais, com seu uso de freqüências cromáticas. O trabalho realizado por Harry Oldfield no campo da terapia de cristais elétricos é também bem conhecido, como o é a fotografia Kirlian, a base do trabalho de Peter Mandel, que usa os pontos da acupuntura para a emissão de luz e cor em sua relativamente recente terapia que combina essa técnica com a "medicina esogética, praticada na Grã-Bretanha por Angelika Hochadel.

O espaço que temos aqui só nos permite mencionar o trabalho de Jon Whale, inventor do Caduceus II, um aparelho que emite luz "realçada" por pedras preciosas, e o estranho tratamento ayurvédico com cristais praticado pelo dr. Keith Scott-Mumby em suas clínicas na Espanha e em Cumbria no Reino Unido. O dr. Scott-Mumby usa safira e esmeralda, por exemplo, para acalmar inflamação e rubi e diamante para energizar. Também aqui, só posso esperar que os leitores interessados em mais informações explorem a bibliografia indicada.

## TRATAMENTOS COM LUZ

Antes de passarmos para as especificidades dos vários tratamentos que utilizam a luz, vale a pena recordar as palavras do dr. Brian Breiling, um dos criadores da conferência "Light Years Ahead" de 1992. Segundo ele, uma nova medicina está emergindo, uma medicina baseada na integração corpo-mente, não apenas na mente nem no corpo, mas em ambos juntos como uma unidade. Ela está emergindo da própria verdade que constitui o fundamento da física quântica, ou seja, que é na luz da realidade subatômica mais profunda que se encontra o verdadeiro tecido do qual somos feitos. A luz é a base de toda nossa tecnologia, tanto interna quanto externa, seja ela gerada pelo Sol no céu com seus derivados eletromagnéticos ou pelo Sol divino da consciência e propósito em nosso coração. Em ambos os casos, somos afetados pela ação vibratória, o movimento essencial da energia do equilíbrio e da cura.

### *Luz Solar*

Já vimos um pouco sobre a cura com a luz solar, direta ou indiretamente, via luz artificial de reflexão total (*ver pp. 39-42*). Vimos como essa luz pode ser aplicada ao tratamento da tuberculose e do distúrbio emocional sazonal que afeta as pessoas e também o impacto que causa nos serviços comunitários, na arquitetura e decoração de interiores de estabelecimentos públicos como escolas, repartições, centros de lazer (o perigo da iluminação estroboscópica nas discotecas), fábricas e presídios. Está em andamento um projeto-piloto para o uso da iluminação de reflexão total no presídio Lewes por sugestão de *Sir* David Ramsbotham, que está conduzindo a investigação sobre os índices de violência e suicídio entre os prisioneiros.[5]

Para o propósito deste capítulo, passamos agora a abordar os vários sistemas que são novos e ainda não amplamente difundidos no Reino Unido.

## *Terapia Ocular da Luz — Estimulação das Ondas de Luz*

A luz pode ser emitida para uma área ou um ponto do corpo. Nessa terapia, ela é emitida para o olho. Ela foi desenvolvida pelo dr. John Downing no curso de vinte anos de estudos no campo neurossensorial. Ela aumenta a capacidade de absorção da energia da luz para que o cérebro e o corpo possam funcionar com mais eficiência. Isso resulta em melhor bem-estar e desempenho mental, emocional e físico. O tratamento é particularmente importante para aqueles que têm dificuldades de aprendizagem, que sofrem de dislexia, hiperatividade, paralisia cerebral e autismo. Pode também ajudar os anoréxicos, bulímicos e portadores da mielite mielencefálica ou síndrome da fadiga crônica (ou pós-viral), distúrbio emocional sazonal e depressão.

A pesquisa demonstrou que a luz viaja para o cérebro e estimula e melhora o seu desempenho. Uma maior quantidade de "fotocorrente" (corrente nervosa gerada pela luz) pode ser emitida pelo Lumatron. A luz viaja para três áreas:

1. a base do cérebro que afeta o equilíbrio;
2. do córtex visual ao córtex cerebral, para permitir tanto a visão quanto a interpretação do que é visto;
3. do córtex visual ao sistema límbico (o principal centro emocional do cérebro), que tem relação com o olfato, a memória e o comportamento sexual.

Em viagem para o hipotálamo, durante o percurso da retina ao núcleo supraquiasmático — o NSQ — a luz afeta os ritmos do corpo, uma vez que o NSQ é considerado o relógio do corpo. O hipotálamo é o cérebro do cérebro. A pituitária está ligada a ele. O hipotálamo controla 75 por cento dos processos do corpo. O dr. John Downing cita o caso de uma mulher de trinta anos, que sofria de depressão profunda, dor crônica e sem nenhum sentido de olfato, que ele tratou. Após nove sessões de luz violeta, sua depressão desapareceu completamente e, embora continuasse com dor, seu sentido de olfato — perdido havia anos — retornou. O procedimento seguido foi o mesmo aplicado por Pauline Allen no The Sound Learning Centre. Ele é eficaz para o tratamento de problemas como fadiga, *stress*, desequilíbrios hormonais, TPM, insônia, dificuldade de concentração, memória fraca, dificuldade de aprendizagem e problemas de visão seletiva.

O Sound Learning Centre fica na região norte de Londres (sua diretora é Pauline Allen) e é o único centro no Reino Unido a oferecer o tratamento de estimulação das ondas de luz baseado na técnica de Downing.

## *Como é feito o tratamento?*

A entrevista começa com um teste de percepção dos campos visuais para determinar se a estimulação das ondas de luz é o tratamento apropriado. Durante a sessão, o paciente fica sentado numa sala escura ouvindo música e olhando para as faixas de ondas de luz nas cores indicadas pela avaliação como provavelmente benéficas. O tratamento é constituído de vinte sessões ao todo, com a duração de vinte minutos cada, uma ou duas vezes por dia. São feitos outros testes visuais, que em geral mostram os campos visuais ampliados, indicando que a pessoa já é capaz de absorver mais luz do meio natural. Uma melhora no bem-estar físico e psicológico costuma ser imediata, mas algumas pessoas podem precisar de mais tempo.

Essa terapia — estimulação das ondas de luz — pode ser usada sozinha ou combinada com o treinamento auditivo integrado com excelentes resultados.

Em um dos casos estudados (o Caso B9EH), um homem adulto tinha sérias dificuldades para ler e escrever, visão extremamente fraca, dificuldade para funcionar durante o dia e uma falta total de confiança. Ele só conseguia ler jornais cor-de-rosa como, por exemplo, o *Financial Times*, e dizia jamais ter lido um livro em sua vida. Descobriu-se que ele tinha campos visuais extremamente distorcidos, que depois do tratamento foram ampliados de 10 para 25 graus. Ele normalizou seu padrão de sono, tornou-se mais confiante, alerta e capaz de melhor desempenho, obtendo aprovação em seus exames finais para obter o diploma de enfermeiro-chefe com uma das melhores notas de sua classe.

As lâmpadas usadas, Lumatron e Photron, foram as mesmas utilizadas pelo dr. Steven Vasquez e outros em suas psicoterapias. A lâmpada é um ótimo instrumento para psiquiatras e psicoterapeutas. O trabalho não é tão conhecido no Reino Unido quanto deveria, mas existem cursos na Irlanda e na Inglaterra dirigidos por Monica O'Malley, que vem realizando esse trabalho há muitos anos e é conhecida internacionalmente por seu programa de treinamento. Ela pode ser encontrada em Carlow, Irlanda.

## *Terapia Fotodinâmica*

A ciência médica pesquisou a luz durante décadas. Nos Estados Unidos, em 1972, o dr. Thomas Dougherty usava a luz e o *photofrin*, uma substância química sensível à luz, no tratamento do câncer no Rosswell Park Institute. Ele descobriu que o *photofrin* concentrava-se na área do câncer, onde ele ficava luminescente em resposta à luz violeta ou ultravioleta. Se Dougherty focalizava um raio *laser* vermelho sobre o tumor, em dez minutos ele começava a se autodestruir.

Essa pesquisa está sendo realizada na Grã-Bretanha pelo professor Stanley Brown no Centro de Fotobiologia e Terapia Fotodinâmica da Leeds University. O objetivo último dos pesquisadores desse Centro é dispor de um produto combinando luz e drogas disponível nos consultórios de clínicos gerais para o tratamento do câncer de pele nos próximos dois anos. Esse produto terá a forma de um creme que deverá ser passado nas áreas da pele em volta do tumor que, segundo o professor Brown, dentro de três a quatro horas, terá absorvido a droga contida no creme e se tornado fotossensível. Será aplicada então a luz vermelha de uma lâmpada *laser* ou vermelha e em um período de cerca de quatro semanas o tumor terá sido destruído sem necessidade de cirurgia.

## Máscaras de luz — Unidades portáteis de luz

O dr. Duncan Anderson, do Hammersmith Hospital de Londres, pesquisou uma forma de óculos de proteção criada por David Noton e amplamente disponível no Reino Unido para quem sofre de enxaqueca e TPM. Essa "máscara de luz" pode servir como suplemento de uso caseiro a um tratamento ambulatorial com o Lumatron.

## A luz como meio de purificar o sangue

A dra. Kira Samoilova, uma autoridade internacional em *laser*, falou na Conferência LIGHT '98 sobre o seu trabalho em São Petersburgo de purificação do sangue, irradiando-o com luz ultravioleta. Ele tem-se mostrado um procedimento altamente bem-sucedido, limpando o sangue de vírus, câncer e outras doenças crônicas. Entre um e dois por cento do sangue do paciente é retirado, irradiado e reinjetado no sistema do paciente.

O trabalho da dra. Samoilova despertou grande interesse entre os participantes da conferência. Pelo que entendi, o Ministério da Agricultura do Reino Unido se mostrou interessado em encontrar a solução para a crise relacionada com os padrões britânicos de referência para avaliação de seus produtos. Espera-se que alguém possa desenvolver a técnica em benefício da humanidade.[6]

## Luz polarizada e Bioptron

Em Budapeste, a dra. Marta Fenyo usa luz polarizada (em linhas paralelas retas em vez de dispostas em diagonais a partir de algum ponto determinado) para curar feridas nas pernas e acne. Ela constatou que a luz polarizada estimula a reação imunológica nos fatores sangüíneos e o resultado é sistêmico — tratando-se uma ou duas feridas, as outras que possam existir em qualquer parte do corpo também desaparecerão. Muitas doenças são beneficiadas pelo tratamento com luz polarizada, de lesões sofridas por atletas a dores de garganta.

A empresa suíça Bioptron desenvolveu duas lâmpadas para esse tratamento, uma maior para ser usada em clínicas e uma menor para uso individual. A menor é mais ou menos do tamanho de um secador de cabelo e vem com instruções para ser usada também como instrumento pessoal de tratamento cromoterápico. As lâmpadas Bioptron foram estreadas na Grã-Bretanha na Conferência LIGHT '98 e ambas estão hoje disponíveis no Reino Unido.[7]

## *Luz monocromática e tratamento com* lasers *e LEDs (light emitting diode ou díodos emissores de luz/DEL)*

O *laser* foi desenvolvido nos últimos trinta anos. A palavra é, na verdade, uma sigla formada pelas iniciais de: *Light Amplification by Stimulated Emission of Radiation* (amplificação da luz por meio de emissão estimulada de radiação). Existem *lasers* quentes e frios. Os *lasers* quentes cortam, cauterizam e destroem. Os *lasers* frios ou brandos funcionam com uma potência menor e estimulam o funcionamento celular de modo não-térmico e não-destrutivo. A luz solar de reflexão total emite 700 freqüências, mas o *laser* frio só consegue emitir uma freqüência — luz monocromática (monocromo significa uma única cor).

Existem, na realidade, duas maneiras de emitir luz monocromática: a) com *laser* frio; e b) com LED — *light emitting diode* (ou DEL, díodo emissor de luz).

Observou-se que o tecido celular humano responde mais intensamente a um único comprimento de onda — monocromo — do que a mais de um comprimento de onda simultaneamente. A luz monocromática aumenta o fluxo de oxigênio e de sangue, estimula o funcionamento dos nervos, reduz a dor e relaxa os músculos. A pesquisa com o monocromo concentrou-se em isolar as freqüências mais potentes para aliviar a dor.

Os tecidos celulares respondem melhor a certas freqüências do espectro vermelho e infravermelho: 630, 660, 880, 940, 950 nanômetros. A água e a hemoglobina contidas nos tecidos do corpo impedem a absorção total da luz situada fora da freqüência de 600-980 nanômetros. Uma freqüência pode ser fundamentalmente ressonante, por exemplo 660 nanômetros, e as outras harmônicas. A freqüência de 660 nanômetros é mais ressonante para o tecido humano porque estimula a produção de tecido celular e promove rapidamente a regeneração do tecido da pele e do sangue nas áreas a ela expostas. Uma ferida do tamanho de 10p tratada com um díodo emissor de luz de 660 nanômetros ou com um *laser* frio por vários minutos a cada duas horas pode produzir uma pele nova dentro de um ou dois dias sem deixar cicatriz ou crosta.

Enquanto o *laser* de luz vermelha de 660 nanômetros penetra 8-30 nanômetros, profundidade suficiente para afetar o tecido muscular e muito eficiente para as escoriações, feridas, chagas e doenças de pele, o *laser* infravermelho de 830-950 nanômetros penetra 30-40 nanômetros, atingindo as articulações, tendões e músculos e podendo até mesmo afetar as artrites ósteo e reumatóide.

O uso terapêutico da luz vermelha não é recente. Já na década de 1890, o dr. Neils Finsen tratou lesões causadas pela varíola e catapora com luz vermelha e infravermelha.

O uso do Díodo Emissor de Luz está tomando cada vez mais o lugar do *laser* frio, devido ao fato de esse último criar um raio mais amplo de dispersão da luz e permitir uma maior margem de erro na localização e ativação dos pontos de acupuntura. Existem doze meridianos em cada lado do corpo e cada um deles tem 25-150 pontos de acupuntura. O DEL seda com a luz contínua e estimula com a luz pulsada. As aplicações emitem 1-12 joules de energia (um joule = uma unidade de energia a um watt por segundo). O DEL é aplicado com pressão suave sobre um ponto de acupuntura por 30-90 segundos.

## *A cúpula de luz monocromática*

Essa foi uma obra do psicólogo e arquiteto sueco Karl Ryberg. Karl estudou *laser* com o dr. Karu em Moscou e fez seu desenvolvimento espiritual sob a orientação de Ronald Beesley na White Lodge, em Speldhurst, Inglaterra. Em suas palavras:

> "Na Suécia já construímos projetores de luz extremamente potentes e capazes de isolar qualquer faixa do espectro visível com alto grau de eficácia [...] O professor Mester, de Budapeste, descobriu na década de 1970 que é possível curar com *laser* uma grande variedade de células e tecidos danificados [...] Na década de 1990, o professor Karu provou em Moscou que a plena aderência e polarização de um *laser* era biologicamente desnecessária. O único fator crucial para a regeneração celular é a luz permanecer monocromática dentro de uma freqüência inferior a 20 nanômetros...
>
> Os maiores benefícios do tratamento com a luz monocromática ocorrem no cérebro. Seus tecidos adiposos são particularmente transparentes e são extremamente ricos em mitocôndria, as organelas que produzem energia no interior de cada célula. A luz estimula a regeneração do tecido nervoso e das ligações interneurais. Uma abundância de conexões múltiplas entre as células do cérebro é a verdadeira base da atividade mental eficiente."[8]

O poder da luz da cúpula de luz monocromática é tal que não são necessários mais do que quinze minutos por mês. Entrar na cúpula é como entrar numa gigantesca abóbora da qual foi tirada uma imensa fatia para servir como porta. Seu interior é revestido de branco. O visitante pode estirar-se ou sentar-se no chão com o controle remoto na mão. A porta é fechada e a pessoa fica no escuro. Gradualmente, as cores iniciam sua lenta seqüência, aprofundando-se e passando quase imperceptivelmente de uma para outra. Como se fossem pedras preciosas, as cores enchem a cúpula e os olhos da gente com sensações tão deliciosas, aconchegantes e maravilhosas que chegam a doer. Quem quiser pode a qualquer momento controlar a seqüência, detendo-se numa cor ou deixando a seqüência seguir seu próprio curso. É alimento para o cérebro e puro regozijo. De fato, devo a essa experiência grande parte da energia mental necessária para escrever este livro.

Existe atualmente apenas uma cúpula monocromática no Reino Unido. Ela fica na clínica 3S de Thrity Engineer em Kew e merece ser visitada.

## A luz e o cérebro

Com respeito ao efeito da luz sobre o cérebro, sabe-se que a luz estimula a resposta das células e a resposta das células cerebrais tem sido tradicionalmente associada à consciência. Em seu livro *Molecules of Emotion*, a dra. Candace Pert levanta a questão quanto ao lugar em que a consciência está realmente situada. Sua pesquisa demonstra que as substâncias informativas — neuropeptídios — são não apenas secretadas no cérebro, mas também simultaneamente pelas células imunológicas de *todo o corpo* em resposta a sensações, interações, pensamentos, crenças e emoções. Isso coloca a pergunta: Onde a mente está situada?

É interessante notar que, na década de 1980, um novo conjunto de substâncias informativas descoberto anteriormente nos reinos vegetal e animal levantou a mesma questão. Descobriu-se que essas essências informativas, os feromônios, são secretadas do corpo (detectáveis pelo cheiro) para o ambiente em resposta a um estado mental ou modo de ser. Daí a expressão "cheiro de medo".

Portanto, onde está a mente? Está no cérebro e pode ser separada do corpo como uma unidade completa ou o que existe é uma unidade "corpo-mente"?

## Biolumanetics

Esse é um equipamento extremamente recente e potente, desenvolvido por Patrick Richards, inventor do Luminator, um aparelho que equilibra a atmosfera e permite o funcionamento do sistema. Ele mora e trabalha em Michigan e a pesquisa no Reino Unido está sendo realizada pela primeira vez por Thrity Engineer. O sistema tem vastas implicações no campo da medicina energética, do desenvolvimento pessoal e dos estudos da consciência.

Trabalhando com base no princípio de que a qualidade e intensidade da luz emitida por um ser vivo está relacionada com sua saúde e vitalidade, o Biolumanetics utiliza métodos especializados de fotografar essa energia para revelar muito sobre a pessoa e sua relação com os outros. Doenças crônicas como síndrome da fadiga pós-viral, distúrbio de atenção em crianças, cândida, TPM, insônia, enxaqueca e artrite têm sido tratadas com êxito. Thrity faz avaliações através de imagens fotográficas da aura antes e depois do tratamento para demonstrar as alterações.

No Ocidente, as pessoas costumam precisar de demonstração científica daquilo que a sabedoria antiga sabe intuitivamente há centenas de anos. Esse trabalho com o *Biolumanetics* é um meio pelo qual o século XXI pode acessar a sabedoria antiga. Thrity abre sua clínica alguns dias para fazer demonstrações tanto do Biolumanetics quanto da cúpula de luz monocromática.

Devemos mencionar também o trabalho esplêndido que está sendo realizado pelo dr. Sean Adams no Alpha Learning Institute na Suíça.

Em seu trabalho no Reino Unido, o dr. Jacob Liberman começou recentemente a usar seu Spectrial Receptivity Instrument para tratamento de todo tipo de doença.

Ao concluir este capítulo, eu curvo-me respeitosamente diante de todos aqueles que gostaria de incluir de modo mais abrangente. O trabalho deles é extremamente importante e eu espero sinceramente que o leitor siga as referências e estude suas obras também.

Finalmente, eu gostaria de observar que, apesar de este capítulo ter tratado basicamente dos recursos tecnológicos disponíveis, como *lasers*, lâmpadas e vários outros instrumentos, a cura com a luz ocorre, obviamente, sem necessidade de nenhum deles. Ela acontece como resultado de processos artísticos e de técnicas de imposição de mãos como o Reiki. Ela ocorre por meio de práticas de visualização, meditação e oração, que serão abordadas em parte nos capítulos seguintes, mas qualquer que seja o método de cura com a luz empregado, é a tecnologia interna que é vital. A qualidade de vida, a integridade e a intenção do praticante são tão importantes no processo de cura quanto qualquer instrumento material e, às vezes, até mais.

# 7
# Percepções: criando a visão

**"Outra noite, eu vi a Eternidade**
**Como um imenso círculo de luz clara e infinita,**
**Reluzindo calmamente..."**

*Henry Vaughan (1622—1695)*

É interessante notar que, previsivelmente, a luz e a cor são percebidas e expressas de modos variados nas diferentes culturas. Na língua dos esquimós, existem, por exemplo, sete palavras para designar a cor "branca" e, no idioma dos maoris, mais de cem para a cor "vermelha". É também interessante notar que os gregos não tinham nenhuma palavra para designar o "azul" e, com certeza, a cerâmica deles está restrita às cores vermelha, preta e branca. Homero descreve o mar como "vinho escuro". Na Índia, a palavra *varna* designa tanto cor como casta, sendo as castas superiores de cor mais clara do que as inferiores.

Como os diferentes povos em diferentes lugares e diferentes épocas têm percepções diferentes é por si só um objeto interessante de estudo.

Este capítulo é, portanto, simplesmente "um dedo apontando para a Lua", para uma variedade de percepções da luz expressas de diferentes formas. Às vezes, o dedo é de um poeta, outras, de um artista, artesão, músico, cientista com dons paranormais ou um cego no movimento francês de Resistência.

William Blake (1757—1827) já havia percebido a necessidade de "abrir as portas da percepção" para poder ver a realidade.

> "Se as portas da percepção estivessem abertas, tudo se revelaria para o homem como é, em sua infinitude. Em vista do homem ter se fechado, ele vê todas as coisas através das fendas estreitas de sua caverna."

A luz nos permite ver com mais clareza, tanto literal quanto metaforicamente.

Os artistas sempre tiveram um fascínio especial pela luz e cada pintor vê a luz à sua própria maneira. Talvez o pintor mais conhecido no Ocidente por seu uso da luz, sobre o mar e a montanha, mas especialmente sobre o mar, seja Joseph Mallord William Turner (1775—1851). A preocupação de Turner com a luz prenunciou a obra dos impressionistas — Cézanne, Monet, Renoir, Pissarro, Sisley e Van Gogh. A luz sobre a montanha, a água e os campos exerceu fascínio também sobre eles.

Recentemente, a Galeria Tate, St. Ives, realizou uma exposição intitulada "A Quality of Light". A qualidade especialmente clara da luz do mar da Cornualha atraiu 14 artistas, entre eles Roger Ackling, artista que trabalha com papel e madeira e não está interessado na luz elétrica, mora numa casa sem ela e utiliza apenas a energia da luz solar para criar:

> "Toda a minha obra é criada a partir da energia gerada a 93 milhões de milhas de distância no espaço. Eu vejo a luz como intocável, mas focalizando-a com uma lupa, eu altero e reintegro os elementos rejeitados pelo mundo físico no qual vivemos. A luz possibilita o surgimento de estados tanto internos quanto externos: visão e introvisão."

Peter Freeman, ao contrário, utiliza vidro, gás neon e outros gases para explorar os potenciais criativos da luz artificial e das formas luminosas. Ele foi o criador das instalações expostas em duas estações ferroviárias — a primeira na estação St. Erth, perto de St. Ives, chamada "Seeing the Light", em que a área de trabalho do pessoal da estação foi iluminada com luzes representando a fórmula química do retinol, a substância química no olho humano que converte as ondas de luz em informações no cérebro; e a segunda, na de Penzance, chamada "Light at the End of the Tunnel". Ele diz a respeito de sua obra: "Uso luz artificial para criar, eu espero, uma sensação de bem-estar semelhante à criada pela luz natural da Cornualha."

O trabalho dos artistas abre portas a muitas novas possibilidades de exploração, da criação de vitrôs, da arte a *laser* e da fotografia, até a relação entre luz e sombra nas artes cênicas. As poucas obras que mencionamos são representativas de todas as que estão sendo criadas.

Diferentemente dos artistas visuais, a relação dos músicos com a luz nem sempre pode ser apreciada diretamente, embora ela exista. Atualmente e já há alguns anos, Karlheinz Stockhausen, compositor alemão de vanguarda, nem compreendido nem reconhecido no Ocidente, está compondo uma ópera monumental chamada *Light* (Luz). Ele prevê que será concluída por volta de 2005. Stockhausen afirma que não é ele quem faz sua música, mas apenas reordena as vibrações que recebe. Ele diz que quando compõe no estado mental apropriado, sente que deixa de existir.[1] Na verdade, Handel dizia ter recebido *O Messias* da mesma maneira.

A ópera *Luz* foi iniciada na década de 1970 e sua estrutura é de uma longa jornada diária para cada dia da semana. Stockhausen diz que a "Semana" é um arco de luz ligado aos deuses da luz. É uma obra universal contendo afirmações do tipo "Eu sou Luz", "Deus é Luz", "O Ser é Luz" e "A Idéia é Luz". É evidente que Luz é Espírito, manifestações do Espírito e do Espírito absoluto que abrange e ilumina tudo.

Duas outras contribuições à relação entre música e luz devem ser mencionadas aqui. Uma encontra-se registrada num livro publicado pela Findhorn Press, *A World within a World — X-7 Reporting: transmissions from Russia on the theory and practice of Solar Light Radiations*, e escrito por um grupo conhecido como X-7. Trata dos cientistas russos, prisioneiros da consciência, que trabalharam na Sibéria e viveram clandestinamente a maior parte da década de 1950, e que se comunicavam telepaticamente com o mundo exterior a respeito de suas experiências com as radiações da Terra. Essas mensagens foram recebidas por um sensitivo americano. Elas mostram como, quando os cientistas eram levados aos limites de sua resistência, eles oravam a Deus e era-lhes mostrado um caminho de luz.

Algumas das mensagens referem-se a como as radiações da cor e do som juntas afetam o planeta. Elas afirmam que contidas nos raios ou radiações da Divindade estão todas as virtudes do ser, mas principalmente o Amor e a Sabedoria, igualmente equilibradas, e que emergem em forma de radiações de "cor-som".

O que conhecemos como som emite cor de acordo com o grau de radiação. Jeanine Miller escreveu na edição de 1975 da *Light*, revista do College of Psychic Studies, sobre "vidência védica". Ela diz que os poetas védicos sabiam que quando entoavam os Vedas, as escrituras sagradas dos hindus, eles emitiam luz. Fazer soar uma nota era o mesmo que emitir luz. O som vibra como cor, a cor vibra como som. Jeanine Miller diz ainda que "a ligação secreta entre o som e a luz é um dos segredos mais profundos dos Vedas".[2]

Um exemplo mais recente disso é a obra e a experiência de Jonathan Goldman. Em seu livro *Healing Sounds*, ele fala de uma visita a Stockhausen feita por Pir Vilayat Khan, Presidente da Ordem Sufi no Ocidente. Pir Vilayat relatou com que facilidade Stockhausen demonstrou os sons secundários cantando para produzir cerca de 28 sons secundários pela concentração em pontos específicos do cérebro. Essa "corda de uma só voz" é algo que Jonathan Goldman já é capaz de ele mesmo produzir naturalmente ou por meio da Transmissão Harmônica dos monges tibetanos, para os quais é uma prática comum, embora levem de quinze a vinte anos para aprendê-la.

Jonathan Goldman conta também como ele viajou, em agosto de 1987, para Palenque, uma cidade maia. Uma noite, ele e seus companheiros foram levados a visitar um templo fechado ao público. Quando eles chegaram a uma porta no plano subterrâneo, o guia apagou a tocha. Eles ficaram totalmente no escuro. Para a satisfação de Jonathan, o guia ordenou que fizessem som. Jonathan começou a emitir sons na direção que o guia havia indicado antes de apagar a tocha. Enquanto emitia sons, o espaço começou a se iluminar, muito fracamente. Jonathan podia ver o contorno das figuras ali presentes e todos os outros também perceberam. Então, o guia voltou a acender a tocha e continuou a visita.

Jonathan comentou que o impacto total dessa experiência não lhe ocorreu antes de estar de volta aos Estados Unidos — de alguma forma ele havia sido capaz de usar o som para gerar luz. Não era o mesmo fenômeno do som virar luz, uma hipótese científica na qual uma onda sonora torna-se luz quando acelerada. Em vez disso, ele havia criado campos de luz por meio de sons e, em particular, de sons vocais.

Nesta parte final sobre a percepção, notamos como duas outras pessoas percebem a realidade em termos de luz. Uma delas já conhecemos de outro capítulo, Barbara Brennan, que trabalhou para a NASA em pesquisas no campo da física atmosférica mais de vinte anos atrás. Depois disso, ela desenvolveu suas capacidades extra-sensoriais e seus talentos para a cura, escreveu livros e fundou sua própria escola terapêutica no East Hampton, Nova York. Recentemente ela foi entrevistada pela editora da revista *Caduceus*, Sarida Brown.[3] Quando lhe foi perguntado se havia uma chave para a percepção dos campos energéticos, Barbara respondeu que é preciso inverter o ponto de vista usual e compreender que eles existem antes do corpo humano. Os sensitivos, ela disse, vêem o mundo da energia produzindo a matéria em vez de a matéria produzindo energia. Ela diz que é nosso corpo que está em nós e não nós no corpo. Os campos energéticos são muito maiores do que o corpo. Eles o atravessam e vão muito além dele. Se abrimos a Percepção de nosso Eu Superior até um determinado nível, podemos ver o que está acontecendo nesse nível.

Quando Barbara foi indagada sobre o que via quando olhava para o campo energético humano, ela respondeu que visto com a Percepção

Superior, o campo energético parece plasma de luz e raios de luz estruturados e organizados em sete planos. Cada plano tem um padrão específico. Os três planos inferiores estão relacionados com o mundo físico e o quarto, o plano intermediário, chamado de plano astral, o nível das relações, é uma ponte entre os planos inferiores e superiores. Os três planos superiores constituem o mundo espiritual. Os meridianos da acupuntura assemelham-se a correntes de luz percorrendo o campo da aura.

Ocasionalmente, Barbara combina o uso da cor e do som em suas práticas terapêuticas. À luz de sua visão, seria impossível não fazê-lo.

A última contribuição a este capítulo é de Jacques Lusseyran, cuja vida como herói cego da Resistência francesa é narrada em sua autobiografia *And There Was Light*.

Quando Jacques tinha oito anos, ele perdeu a visão em um acidente, mas nos meses seguintes, ele fez algumas descobertas incríveis sobre o "arco-íris do universo interior". Ele fala de modo comovente de seu amor pela música:

> "Toda vez que eu fazia a corda *Lá* soar por si mesma com a vara, uma tremenda explosão de luz surgia diante de meus olhos e durava tanto tempo que muitas vezes eu tinha de parar de tocar [...] Nos concertos, a orquestra era, para mim, como um pintor. Ela me inundava com todas as cores do arco-íris. Se o som do violino fazia-se ouvir sozinho, eu era subitamente preenchido de dourado e fogo, de um vermelho tão intenso que não podia lembrar tê-lo visto em qualquer objeto. Quando era a vez do oboé, um verde luminoso percorria todo o meu ser, tão fresco que eu parecia sentir o sopro da luz."[9]

Ele sentia a luz como uma radiação vinda de um lugar do qual não sabia nada a respeito.

A luz estava também ligada a suas próprias atitudes. Sempre que estava "feliz e sereno e abordava as pessoas com confiança e pensava bem delas", ele era recompensado com luz. Assim que se mostrava ciumento e rude, ele sentia como se uma venda cobrisse seus olhos e se via desesperado num buraco negro. Assim, seu mundo interior dava-lhe total confiança e certeza de que era capaz de "ver" e enfrentar.

Com o início da Segunda Guerra Mundial, Jacques, com 16 anos, começou a levar seus colegas de escola para a Resistência, recrutando-os de acordo com a "visão" que tinha deles por meio de suas vozes e também por esse meio eliminando logo os fracos e traidores. Finalmente, ele e seus companheiros foram entregues aos alemães, interrogados pela Gestapo e mandados para o campo de concentração de Buchenwald. Quinze meses depois, ele era um dos trinta sobreviventes do grupo original de dois mil. Ele mantivera a coragem e a convicção que o haviam apoiado desde o dia do acidente. "A luz está em nós mesmo que não tenhamos olhos."

# 8
# A luz da consciência: outras dimensões

**"Em seu nível mais profundo, a realidade é consciência."**

*David Bohm*

Do que temos consciência? O que é que nós vemos e sabemos desta e de outras dimensões ou níveis de existência? Podemos também perguntar *quem* é consciente? Quem vê?

O "estudo da consciência" tornou-se objeto de interesse comum a físicos, psiquiatras e místicos. Montanhas de livros, escritos por pessoas cultas e experientes, são despejadas regularmente das gráficas. A exploração do "espaço interior" está entrando no mesmo ritmo da exploração do "espaço cósmico" porque as pessoas, desencantadas com os dogmas tradicionalmente aceitos, procuram conhecer a realidade por experiência própria. Sempre existiram pensadores independentes, à frente de seu tempo, explorando novas fronteiras, mas parece que nós fomos contagiados pela "síndrome do centésimo macaco" e todo mundo tem alguma necessidade de saber o que está acontecendo, não apenas com respeito a problemas como aquecimento global e engenharia genética — com todos os problemas éticos que essa acarreta para a identidade humana — mas também com respeito a possíveis intervenções de outras partes, tanto da galáxia física quanto das outras dimensões além da nossa terceira dimensão. A questão dos extraterrestres, por exemplo, não está perdendo a importância, como tampouco a percepção de anjos e guias espirituais.

Neste capítulo, vamos abordar algumas das áreas que são hoje conhecidas do grande público e que não são mais objeto de escárnio da mídia como foram apenas cerca de dez anos atrás. Há, por exemplo, tanto um maior respeito pelos praticantes como um questionamento mais equilibrado das terapias alternativas e práticas de cura. Existe também interesse por temas como memórias de vidas passadas e experiências de quase-morte.

Antes de explorar algumas dessas novas abordagens, é importante rever os processos desenvolvidos nos últimos cinqüenta anos ou mais, que acabaram resultando no que resumimos como "estudos da consciência".

## PSICOLOGIA TRANSPESSOAL E PSICOSSÍNTESE

Em primeiro lugar, devemos reconhecer os estudos de Carl Jung (1875—1961), Sigmund Freud (1856—1939), Abraham Maslow (1908—1970) e outros visando a descoberta e a integração das partes que formam a totalidade da pessoa. O desenvolvimento da Psicologia Transpessoal e da Psicossíntese tornou comum o uso de palavras e expressões como "inconsciente coletivo", "subconsciente" e "supraconsciente" que, juntamente com "self" e "Self", tornaram-se moeda corrente e popularizaram suas idéias e descobertas. Danah Zohar e Ian Marshall introduziram outro termo, SQ — Spiritual Quotient, ou Quociente Espiritual (QE) — derivado da pesquisa neurofisiológica sobre uma área do cérebro que eles chamam de "ponto divino", de onde provêm a avaliação e o significado espirituais (*ver Bibliografia* — SQ: Spiritual Intelligence).

Jung, incidentalmente, foi levado a sentir uma grande atração pelas escrituras gnósticas com sua visão de Cristo habitando as profundezas do homem ou da mulher como luz — "um eu divino ansioso por ser reconhecido e trazido para a identidade humana". Jung veria esse princípio divino no interior de todo ser humano como Cristo, o Filho de Deus — o Verbo Divino — expressão do masculino divino, cujo correspondente feminino é Sofia — Sabedoria — expressão do feminino divino. Essa visão permeia as antigas escrituras judaicas. Esse tema foi tratado em um livro bem fundamentado e polêmico, *The Alphabet versus the Goddess*, escrito pelo médico cirurgião Leonard Schlain, que associa o desenvolvimento da linguagem ao controle masculino e o surgimento de um mundo mais televisual de computadores e imagens com o aumento da influência feminina. A tradição espiritual sempre apresentou uma descrição da união ardente com uma realidade que contém tanto o aspecto masculino como o feminino da divindade, Logos e Sofia. Realmente, os movimentos espirituais da atualidade refletem um ressurgimento vital do interesse teológico por Sofia, bem como o aumento crescente de práticas e devoções em torno desse princípio feminino da identidade espiritual.

## MUDANÇA SOCIAL

Também vem ocorrendo uma mudança das normas autoritárias masculinas na vida institucional da Igreja e do Estado, da educação e da indústria, em favor da expressão do princípio feminino e da intuição — manifestações do hemisfério direito do cérebro — para contrabalançar o raciocínio analítico e os valores de posse de uma sociedade baseada no hemisfério esquerdo do cérebro. Entre os exemplos temos a ordenação de mulheres, a ascensão de mulheres aos cargos mais altos da carreira executiva, toda a visão de respeito do movimento Gaia, de cuidar do planeta e estar aberto às sabedorias nascidas da Terra e que são expressas por aqueles que se orgulham hoje de ser chamados de "bruxos" ou "pagãos". Os tempos estão realmente mudando.

## POVOS EM MOVIMENTO

Por todo o planeta, as pessoas estão em movimento. Ocidentais, desiludidos com os dogmas das estruturas autoritárias da Igreja, procuram a verdade alcançada pela experiência dos gurus orientais — os Beatles foram talvez o exemplo mais conhecido disso. Enquanto isso, os asiáticos de Uganda vêm para o Ocidente, fugindo de Idi Amin, trazendo sua ioga e sua homeopatia. E vieram os chineses com sua acupuntura e suas ervas medicinais. Forçados a deixar seu país em 1959, o Dalai Lama e muitos tibetanos vieram para o Ocidente (embora o Dalai Lama more atualmente na Índia), onde exercem forte influência espiritual. Muçulmanos vindos do Paquistão e de outras partes do mundo trouxeram sua devoção religiosa e sua visão do sucesso baseado no trabalho árduo. Mudou todo o padrão do tecido espiritual, tornando-se mais rico e vibrante, de caráter mais holístico, um entrelaçamento de crenças repleto de promessas, uma vez que cada cultura e cada tradição tem elementos místicos de busca da união com o Divino, da união com a própria fonte da Luz.

## CANALIZAÇÃO DE MENSAGENS ESPIRITUAIS

Ao mesmo tempo vem ocorrendo uma grande afluência de informações provenientes de outras dimensões — desde as transmitidas por aqueles que já morreram e que descrevem o mundo em que estão vivendo, até as de mestres do além dando instruções, conselhos, avisos e estímulos, muitos deles dizendo-se representantes de civilizações de outras partes da galáxia, das Plêiades, de Sírio ou de Vênus.

A dificuldade para avaliar tais mensagens evidencia-se imediatamente. Nossos critérios científicos atuais não servem para explicá-las — como tampouco servem para explicar os ciclos da natureza que são visivelmente indubitáveis. Nosso paradigma científico está sendo, pelo que parece, constantemente desafiado nos dias de hoje. Recebo informações, através do que leio e ouço, que não tenho meios de verificar pessoalmente. Disseram-me coisas referentes a minhas vidas passadas

das quais não tenho nenhuma lembrança. Em tais casos, especialmente quando a informação é dita ser proveniente de outras partes da galáxia, a única coisa que posso fazer é guardá-la até chegar por mim mesma à conclusão de que é verdadeira, falsa ou provavelmente verdadeira, consciente de que a minha própria capacidade de percepção tem seus próprios condicionamentos e limitações e que eu tendo a verificá-la com o cérebro e não com o coração. Não estou em condições de afirmar que meus informantes não possuem bom senso, sensibilidade ou integridade. A geração atual segue mais a intuição e aceita melhor o paradoxo aparente — a abordagem inclusiva é muito mais quântica do que a exclusiva.

## OUTRAS CONSCIÊNCIAS

Há um consenso cada vez maior quanto à existência de outras consciências ou entidades, de seres angélicos a guias e espíritos tanto de seres humanos como de minerais, plantas e animais no reino dévico. Essas entidades podem informar, alegrar ou trabalhar com os humanos em prol da cura. Entidades minerais foram capturadas em filmes durante o processo de terapia de Harry Oldfield com cristais elétricos.[1]

A dimensão em que estamos é no mínimo a quarta, na qual a oração, a radiônica e o campo de luz Mer-Ka-Ba, uma proteção contra as entidades maléficas e obscuras, são instrumentos eficazes. (A questão relativa à proteção é tratada mais detalhadamente ainda neste capítulo e no Capítulo 9.)

Considerando-se resumidamente apenas esses poucos elementos de nossa história da última metade deste século, fica mais claro que, em função dos desenvolvimentos globais das redes de comunicação, nós de fato chegamos ao sentimento de que pertencemos a uma única espécie humana, por mais que lutemos e tenhamos de continuar lutando por justiça social.

Dessa nova perspectiva, vamos examinar mais detalhadamente as questões que afetam o próprio modo com que vemos a realidade, inclusive a nossa própria identidade, mantendo-nos conscientes de que o que nós observamos é na realidade afetado pelo fato de sermos nós os observadores! Em certos sentidos, essa é uma preparação necessária para o próximo capítulo, no qual vamos considerar a cura com a luz, sem o uso dos recursos tecnológicos que mencionamos no Capítulo 6. Vamos agora montar o cenário mais amplo no qual os praticantes da cura operam e no qual nós e outros vivemos, estejamos plenamente conscientes disso ou não.

## A ENERGIA DO PENSAMENTO

Talvez a primeira coisa que devêssemos saber é que o pensamento tem energia. Ela é, na realidade, mais rápida do que a velocidade da luz (o Teorema de Bell menciona isso) e é um instrumento da quarta dimensão, livre de nossas limitações tridimensionais de espaço e tempo. Como já dissemos, neste nível, a oração, a radiônica (a projeção da energia dos números e das formas para promover a cura) e a transmissão de pensamentos positivos em qualquer forma — cor, seqüência sonora, número — são eficazes. Nunca deixo de me surpreender com isso e, no entanto, na realidade, não tem nada de surpreendente. Simplesmente segue as leis que operam nesse nível e que ainda não foram inteiramente compreendidas pela ciência contemporânea.

No entanto, sabe-se perfeitamente bem que o pensamento vem acompanhado de energia. A idéia na mente, o desejo no coração têm sua energia que é impulsionada para produzir uma manifestação no nível físico da idéia ou do desejo. A intenção é de importância máxima nesse nível. Assim, mesmo que um método de cura ou o seu desempenho seja menos que brilhante, a boa intenção será sempre aceita e, sempre que necessário, serão feitas as correções e corrigidos os desequilíbrios. Existe uma "economia divina", segundo a qual fazemos parte de um cenário muito maior do que podemos imaginar e onde anjos, guias, amigos e santos auxiliam nosso trabalho de cura.

Nesse nível, nossas percepções também mudam. O bem e o mal podem provocar tanto impacto em nosso sistema como o calor e o frio ou a luz e a escuridão. Uma amiga minha que tem o dom de remover as influências negativas de pessoas e lugares diz que "vê a escuridão virar luz" depois de orar e limpar um ambiente. Eu já estive com ela em tais ocasiões e não vi essa mudança visualmente, como ela vê, mas senti o clima pesado desaparecer e ser substituído por uma leveza.

Pode acontecer de um espírito ou entidade entrar num lugar ou na aura de uma pessoa. O espírito pode estar perdido, incapaz de ir para a Luz divina, e ficar sugando as energias da pessoa à qual se apegou, recusando-se a ir para qualquer outro lugar. É importante ajudar esse espírito a encontrar a Luz de Deus e sua realização nela. As pessoas treinadas em terapias de libertação do espírito sabem o quanto é importante esse aspecto da cura. Influências negativas e destrutivas têm de ser removidas e o lugar ou a pessoa em questão precisam ser abençoados e protegidos.

### *Luz e proteção*

Invocar a Luz Divina e vestir o Escudo de Luz, como São Paulo ordenou aos cristãos de Éfeso, é uma forma extremamente importante de proteção para cada pessoa a cada dia. O mal não consegue penetrar nessa Luz protetora. *Ver* a Epístola aos Efésios no Capítulo 6.

## EXPERIÊNCIAS DE QUASE-MORTE

As pessoas que deixaram o corpo e passaram pela experiência de quase-morte descrevem a visão que tiveram da luz ao passarem por um túnel que conduzia ao outro mundo. Outra amiga minha teve uma experiência muito vívida disso quando esteve na maternidade durante o processo de parir seu filho. Gill não encontrou em toda a sua experiência de deixar o corpo e falar com seu avô morto já havia algum tempo o que esperava e queria e disse, portanto, que precisava voltar para cuidar de seu marido e do bebê que acabara de nascer. Seu relato faz parte do livro, escrito pelo dr. Peter Fenwick e sua esposa, intitulado *In Truth to The Light: 300 cases of near-death experiences*, um desafio para quem diz que quando o cérebro morre, a mente também deixa de existir.

As pessoas que morreram vivem uma vida na qual a luz tem um papel extremamente importante. Frances Banks, que durante 25 anos foi missionária anglicana na África do Sul e, depois, organizadora e instrutora no presídio Maidstone em Kent, sempre se interessou pelo fenômeno da paranormalidade. Ela e sua amiga Helen Greaves combinaram que aquela que morresse primeiro entraria em contato com a outra para contar sobre a vida no além. Foi, de fato, Frances Banks quem morreu primeiro e o contato com sua amiga é relatado no livro *Testimony of Light*, que ela ditou para Helen Greaves. Ela descreve uma sensação fantástica de crescimento, expansão e criatividade mental com uma vastidão de conceitos novos e uma clareza "que vai além de tudo que se pode imaginar" iluminando seu caminho. Seu próprio corpo denso desfaz-se no nada e "o que resta essencialmente é Luz, é Realidade, é permanente e verdadeiro... Eu chamo isso de meu novo corpo de luz... luminoso, repleto de luz... sem peso... cujo colorido e beleza dão sua forma e substância".[2]

Em certa passagem, ela descreve uma cerimônia de luz acompanhada de música num crescendo até o momento em que, ao tocar uma determinada nota ou corda, explode num grandioso uníssono, como um coro de pássaros ao amanhecer, e todos os sons de todas as esferas elevam-se num portentoso final. Prolongado, o som vibra com tal grau de intensidade que arrebata todas as almas para a sua harmonia e, então, a luz irrompe através da Assembléia. Frances recorda o empenho total para capturar e manter aquela nota na consciência: "Essa é a Luz de todos os mundos, deste mundo, do mundo físico, como de todos os mundos superiores e mais vastos... É a Luz que penetra e torna-se a Essência de nós. É Som, Harmonia e Luz a uma só vez." Ela diz que está aprendendo a adquirir "tanto o Olho como o Ouvido da Luz... para ver tanto a luz quanto ouvir as vibrações das diferentes freqüências da luz".

## ARCANJOS, ANJOS, DEVAS E HILDEGARD DE BINGEN

Pertencentes também a dimensões acima da nossa, mas interpenetrando-a, estão os arcanjos, os anjos e os devas, os espíritos naturais dos reinos mineral, vegetal e animal. Algumas pessoas os vêem, outras os sentem e atualmente há um interesse crescente em sua natureza.

Em um fascinante livro, *The Physics of Angels*, Matthew Fox, sacerdote episcopal, e Rupert Sheldrake, biólogo, discutem a natureza dos anjos de acordo com a visão apresentada nos textos de três místicos cristãos, sendo um deles Hildegard de Bingen, abadessa beneditina que viveu na região do Reno, Alemanha, de 1098 a 1179. Ela tornou-se um dos mestres espirituais mais seguidos de nosso tempo. Os anjos povoavam as visões de Hildegard, "anunciando Deus em seu louvor". Fox e Sheldrake desenvolvem essa idéia entendendo que esse louvor é transmitido por vibrações e ressonâncias em toda a criação. No diálogo da ciência com a espiritualidade, o livro deles merece tempo e atenção.

## OS AGENTES DE CURA INVISÍVEIS

Já mencionamos a necessidade de remover as influências negativas do campo da aura de pessoas e lugares, bem como de criar proteção contra elas. É importante sabermos, entretanto, que as entidades de cura de outros planos de existência também podem entrar na aura dos terapeutas, auxiliando-os em seu trabalho e, às vezes, chegando a se apossar inteiramente deles. Stephen Turoff, que trabalha como curador em Chelmsford, Essex, sente que é completamente tomado pelo dr. Kahn, um médico austríaco que morreu no começo do século XX. Sob a influência dele, Stephen faz operações que são tão bem-sucedidas quanto as dos cirurgiões espirituais das Filipinas, operando no plano etérico, uma habilidade ainda a ser aprendida pela medicina ocidental. Stephen relata ter visto muitas vezes uma coluna de luz surgir na sala em que está trabalhando e, às vezes, sobre o próprio centro, mesmo quando a luz natural já foi embora. Isso foi filmado em vídeo.

Outro com incríveis poderes de cura é João Teixeira de Faria, um médium brasileiro não muito conhecido no Ocidente. Ele é capaz de incorporar 33 entidades — os espíritos de médicos, cirurgiões, terapeutas, psicólogos e teólogos falecidos. Eles usam o corpo de João como veículo para realizarem operações e curas milagrosas. A história dele é narrada em *The Miracle Man: The life story of Joao de Deus,* de Robert Pellegrino-Estrich.

Em 1987, o campo energético de João mostrou ter doze vezes o tamanho da aura da média das pessoas *antes de* incorporar qualquer entidade. Quando ele incorporou o espírito do dr. Oswaldo Cruz, sua aura tornou-se vinte vezes o tamanho médio da aura de pessoas saudáveis. Os dados em metros são os seguintes:

| | |
|---|---|
| Aura normal e saudável | 0,45 |
| Aura saudável de João | 6,12 |
| Aura de João incorporado | 9,14 |
| Aura espiritual normal | 0,04 |
| Aura espiritual de João | 0,95 |
| Aura espiritual de João incorporado | 13,71[3] |

O depoimento é dado por um certo dr. Klaun, que adoeceu com um tumor no cérebro de quatro centímetros de diâmetro. Depois de consultar especialistas em câncer e importantes neurologistas nos Estados Unidos, eles lhe deram apenas 50 por cento de chance de sobreviver a uma cirurgia para removê-lo e, se ele sobrevivesse, muito provavelmente ficaria paraplégico, com apenas 20 por cento de chance de levar uma vida normal. O pai do dr. Klaun, também médico, trabalhava no Ministério da Saúde do Brasil e tinha ouvido falar no "milagreiro de Abadiana". Ele consultou João a respeito de seu filho e esse lhe garantiu que uma cirurgia espiritual era totalmente plausível e uma recuperação total muito possível.

Os procedimentos realizados a seguir foram controlados por médicos com raios X feitos antes e depois da cirurgia. O dr. Klaun foi colocado na unidade de tratamento intensivo, onde entrou em coma por três dias, durante os quais foi submetido a uma cirurgia espiritual. Por três dias e três noites, seu corpo teve todas as suas funções físicas suspensas — sem comer, evacuar nem mover-se. Ele despertou no terceiro dia e foi radiografado. O enorme tumor havia desaparecido completamente, mas não havia nenhum sinal de intervenção no crânio. Os médicos que testemunharam todo o procedimento estavam preparados para comprovarem o seu êxito e o vídeo que testemunha o evento pode ser encontrado no centro de Abadiana. O paciente continua saudável e sem nenhum sinal de câncer.

## A CONSCIÊNCIA UNITÁRIA (ou UNIDADE DA CONSCIÊNCIA)

Atingimos finalmente o estágio no qual o que vemos — o olho da consciência e da visão — e quem somos — o "eu" da identidade — fundem-se e não podem ser descritos separados um do outro.

"Ter e aceitar a própria humanidade", diz a mística contemporânea Rosemary Anne Addison, "é entrar na consciência coletiva que existe e que vem da terra, da água e da espiritualidade acima, abaixo e entre todas as suas formas e diversidade. Ela nos leva mais fundo para o centro do 'eu', pois tudo vem do 'eu' e volta para o seu núcleo central. Se algum erro ocorre nos níveis da consciência — nível externo ou interno — ele pode ser corrigido a partir do 'eu' central, que emite raios de luz tridimensionalmente, que assumem a forma de um triângulo e o dispersam em nuvens de pó e tudo volta ao normal e a uma forma mais pura."[4]

Existem pessoas como Usui, o japonês que descobriu o Reiki, que teve a experiência da realidade em forma de luz branca. Depois de um período de 21 dias de meditação e jejum, Usui percebeu o surgimento de uma luz branca em seu chakra da fronte, a Terceira Visão, com muitas partículas de luz colorida borbulhando à sua frente e, sobre o que parecia uma tela branca, surgiram os símbolos das escrituras sanscríticas em ouro reluzente. Ele se sentiu cheio de energia para começar a curar e ensinar. A luz estava dentro dele e trabalhando em seu interior.

Neile Walsch, que posteriormente escreveria o livro *Conversations with God*, descreve um evento semelhante, porém em circunstâncias diferentes. Era uma noite em que ele havia se deitado cedo. Ele acordou caindo da cama — mas para cima! Ao olhar para o seu corpo deitado na cama, ele viu que não era e nem nunca havia sido aquele corpo. Ele era puro pensamento, pura consciência. Enquanto registrava isso, ele sentiu como se estivesse sendo puxado através do teto de um túnel. Ele foi parar num lugar extraordinariamente surpreendente:

> "Havia bilhões de partículas minúsculas dançando diante de mim, brilhando, tremeluzindo e irradiando cores intensas. Algumas eram azuis, outras vermelhas, outras verdes... mas não do azul, vermelho e verde comuns. Eram tons incrivelmente variados do azul, do vermelho mais vermelho e do verde-esmeralda mais profundo, e meus olhos encheram-se de lágrimas diante daquela visão. Eu sou, como você sabe, daltônico."[5]

Ele tentou tocar aquelas partículas tremeluzentes e constatou que era impossível. Elas estavam ligadas umas com as outras formando um grande mosaico, que mudava de cor, forma e tamanho, estendendo-se até onde ele podia ver:

> "E de alguma forma eu soube então o que estava vendo. Era a própria vida. Eu estava vendo Tudo Que Existe em sua forma submolecular. Eu estava vendo pura energia. A Força do Universo. A Fonte. O Poder. A Causa e o Efeito."[6]

Ele ficou maravilhado com a aparente simplicidade daquilo e tentou chegar mais perto, mas não conseguiu. Toda vez que ele se movia, a visão também se movia. Ele escreveu:

> "Então, de repente, entendi por quê. Pareceu-me tão óbvio. Perguntei-me como não havia entendido antes. Eu não conseguia chegar mais perto dela, porque ela *era* eu. Quando eu me movia, ela se movia. É claro. Não se pode chegar mais perto do próprio nariz pelo movimento dos olhos. Eu soube então que não estava olhando para esse mosaico, esse padrão, de algum lugar fora dele, mas do fundo de seu interior. Eu era Ele e Ele era eu — eu estava olhando para o resto de mim."[7]

# 9
# A visão que cura: um modo de olhar

**"Não existem dois, o observador é um com o objeto observado. Não é uma visão entendida, mas uma unidade apreendida. É por isso que a visão dispensa a fala. Não podemos separar o supremo para afirmá-lo. Se vimos algo assim separado, deixamos de ver o supremo, que só pode ser conhecido em unidade conosco."**

*Plotino (205—271 d.C.)*

No Capítulo 6, tratamos da cura com a luz por meio da luz solar, de *lasers* e lâmpadas, ou seja, de instrumentos tecnológicos. Depois de feitas outras considerações sobre a natureza da luz — espiritual, criativa e de outras dimensões —, chegamos agora ao ponto em que podemos considerar a cura com a luz sem nenhum desses meios auxiliares, simplesmente usando a pessoa do praticante como meio de cura. Essa tecnologia interna tem tudo a ver com a luz da consciência e com o uso da energia da mente e do coração. Evidentemente esse foco interno também está presente naqueles que utilizam a tecnologia externa e é importante que seja assim. No entanto, neste capítulo, vamos considerar o praticante que trabalha com os chamados "planos interiores" e como ele se prepara para o trabalho de curar com a luz.

## MODOS DE PREPARAR-SE PARA CURAR COM A LUZ

Para nos prepararmos para o trabalho de curar com a luz, precisamos antes nos colocar perguntas fundamentais como estas: Quem somos? De onde viemos? Por que estamos aqui? Perguntas como essas podem ser perturbadoras se não as encaramos com o máximo de honestidade possível. Estamos preparados para reconhecer nossos condicionamentos e permitir que eles sejam desafiados? Não simplesmente mudando nossa dieta, por exemplo, mas aceitando que nosso DNA possa estar em processo de evolução de duas para doze voltas da espiral ou que a consciência envolve uma sensibilidade para aceitar a existência de vida em outras partes da galáxia em outros níveis que não seja necessariamente o visível ou humano? Murry Hope, em sua autobiografia *The Changeling,* fala de sua própria natureza como sendo mais dévica, pertencente ao reino animal, do que hominídea ou humana. Ela teve outras formas de vida afora a encarnação humana.

Podemos acreditar que somos parte de um plano muito maior do que somos capazes de imaginar? Que o coração, com seus desejos, é mais poderoso do que a mente? Parte disso está além do que podemos reconhecer ou integrar imediatamente. Nós simplesmente necessitamos de uma quantidade razoável de queimadores de fogo brando sobre os quais manter em lento cozimento os assuntos pendentes, até o momento em que sentimos que podemos olhar para eles sem medo, talvez apenas um de cada vez.

Eu própria só tomei consciência dessas questões por ocasião da Harmonic Convergence em 1987; até então minha atitude mental era bastante tradicional. No início, eu só podia manter em suspenso o que não era capaz de encarar imediatamente. Eu acredito nas palavras de Cristo: "O Espírito Santo te conduzirá a toda verdade" — mas note que não há nenhuma previsão de quando, nenhuma garantia de que o pacote será imediatamente reconhecido e agradável! Gosto também das palavras do rei Davi: "O Senhor acenderá minha vela. O Senhor transformará minha escuridão em luz." Eu descobri que para ser profundamente verdadeiro neste novo território — se você parar de lutar com os fósforos e confiar, então a luz será dada.

Após esse primeiro autoquestionamento sobre nossos condicionamentos, fazer uma consulta ou leitura da aura, uma sessão de cromoterapia ou Reiki pode ajudar. Lilla Bek e Lilian Verner Bonds, entre outros, são extremamente perceptivas, como é também Ysanne Kutternik Lewis, que faz uma interpretação astrológica das cores, e Thrity Engineer.

Uma análise de acordo com o sistema teosófico dos Sete Raios também pode ajudar. Ele dá um entendimento psicológico do propósito da alma e de como a personalidade procura realizá-lo trabalhando com os diversos corpos, físico, emocional e mental. Cada um de nós, de acordo com esse sistema, encarna em um dos Sete Raios. O Raio da Alma indica nosso propósito e o que é importante para nós nesta encarnação:

*Raio 1, vermelho*: questões de poder, uso e abuso dele, a superação da condição de vítima por uma nova consciência do próprio poder.
*Raio 2, azul*: o Raio de Cristo/Buda: questões relacionadas ao ensino e à cura.
*Raio 3, amarelo*: o Raio do Filósofo, questões envolvendo a busca da verdade e da sabedoria.
*Raio 4, laranja*: o artista criador de beleza e harmonia, mas sempre através do conflito.
*Raio 5, verde*: ciências aplicadas que dão formas às idéias, o construtor.
*Raio 6, violeta*: devoção — ao ponto do fanatismo, lealdade e disposição para morrer por uma causa, mas também a matar por ela. (A Era de Peixes que acabou recentemente esteve particularmente sob influência do Raio Violeta.)
*Raio 7, magenta*: o Raio da Mudança e do Mágico que descobre novos rituais para uma nova era; cerimônia, xamanismo.

Eu uso esse sistema na aplicação da radiônica. Às vezes, ele mostra que o verdadeiro propósito da alma é algo diferente daquilo que a personalidade está buscando. Uma vez que o propósito da alma é reconhecido e aceito como foco principal, desenvolvem-se novos padrões de cura.

O exercício de alguma modalidade de ioga ou a participação em um grupo de meditação pode ajudar. Gostaria de acrescentar a esses o trabalho do Phoenix Trust, ensinando meditação aos prisioneiros. A irmã Elaine McInnes, mestre zen e freira católica romana que trabalha para o Trust, descreveu em seu livro *Light Sitting in Light* como a prática zen ajudou os presos a alcançarem novos níveis de discernimento e também de saúde física e emocional. Ela ensina meditação aos presos inspirada nas tradições cristã e budista de silêncio e oração.

A tradição quaker segue essa mesma linha de silêncio e oração. O livro de Jim Pym, *Listening to the Light*, dá uma idéia da experiência quacre de misticismo prático onde tudo é visto como espiritual e a Luz Divina é encontrada no interior de cada um.

As belas orações e meditações com propósitos de cura dos essênios, do Fountain Trust, dos escritos de Mikhail Aivanhov e muitos outros, também podem ajudar, assim como cursos intensivos, seminários e retiros.

Eles podem ser uma fonte de inspiração mesmo para quem não tenha interesse específico em curar. É enorme o volume de conhecimentos esotéricos que está vindo à luz atualmente, especialmente a respeito das origens da raça humana e da pré-história do planeta, acompanhados de instruções sobre como lidar com os níveis mais elevados da consciência. O material de Drunvalo Melkisadek sobre todas essas questões é apresentado nos seminários "Flower of Life", que inclui o desenvolvimento do campo de luz Mer-Ka-Ba em volta das pessoas que inspiram e vibram a luz de um certo modo. Esses exercícios são importantes para muitas pessoas e elas os praticam diariamente. O corpo de luz Mer-Ka-Ba criado por esse meio estende-se até 17 metros de diâmetro através do corpo, cujo efeito não é diferente de um disco voador. A importância desse campo está no fato de ajudar a preservar o campo magnético da pessoa enquanto o próprio planeta está perdendo seu magnetismo.[1]

Esses conhecimentos correspondem às percepções da consciência obtidas pelo trabalho com os chakras e exercícios de visualização e, a essa altura, a prática de visualização alimenta o processo de cura, seja ela operada diretamente ou a distância.

Esses são alguns modos de nos prepararmos para dar e receber luz como meio de curar.

## UMA PALAVRA SOBRE TÉCNICAS

É importante entender que qualquer que seja a técnica empregada, ela é a princípio apenas uma ferramenta neutra. O que importa é o propósito para o qual ela é utilizada. Pode ser utilizada para fazer o mal, como por quem pratica a magia negra, ou para abençoar aqueles que desejam apenas o bem supremo e a vontade de Deus ou do universo. As técnicas sozinhas não podem substituir a graça em casos de extrema necessidade. A graça é concedida gratuitamente quando pedida e restaura o equilíbrio ao ser dada e recebida. As técnicas de visualização fortalecem a intenção de curar, mas sem ela não têm nenhum efeito. É arriscado tentar "fazer algo acontecer" sem antes refletir sobre a intenção. Isso nos leva ao papel do terapeuta.

## O TERAPEUTA

Temos agora de examinar como o terapeuta vê a si mesmo, o paciente e a fonte da cura.

O terapeuta ou praticante pode ou não ser clarividente, mas com certeza é sensível, ama ardentemente a Deus ou qualquer que seja o nome que dá a essa realidade suprema, sabe que um poder ou energia maior que ele próprio atua nele e através dele. Ele ou ela deve mostrar compreensão e compaixão para com os doentes, sejam eles indivíduos ou grupos. O terapeuta procura ajudar as pessoas a recuperarem a harmonia e a ligação com suas raízes espirituais, a consciência de seu valor próprio e de sua capacidade para contribuir para o processo de autocura e crescimento espiritual. O terapeuta procura desvencilhar-se de qualquer dependência que o paciente possa colocar sobre ele e a longo prazo renovar-se para estar disponível a outros necessitados de ajuda.

Esse é um quadro conhecido, aplicável até certo ponto a todo e qualquer tipo de terapeuta. Os que trabalham com a luz devem ter uma sensibilidade especial para visualizarem e projetarem luz através da mente, do coração, dos olhos e das mãos. Voltaremos a tratar disso mais adiante. Por enquanto, vamos nos concentrar na pessoa e nas necessidades do próprio terapeuta.

*É da maior importância que o terapeuta seja assistido e nutrido pela própria fonte divina da cura* e que se dê tempo para receber em si mesmo a verdadeira luz da cura e o amor que passará aos outros no devido tempo. Muitas vezes, as pressões e solicitações das pessoas necessitadas podem nos tentar em algum momento a reduzir o tempo que precisamos para estar pessoalmente com a fonte divina, o Cristo interior, o Espírito Santo. Mas essa necessidade de retirar-se para ficar em silêncio e sem fazer nada, para orar e renovar-se, é mais vital do que costumamos considerar. Esse retiro nos mantém em equilíbrio, confiantes em que nossas necessidades serão satisfeitas e que o futuro de todo o universo, por mais estranho que possa parecer, não depende exclusivamente de nós. Pode acontecer às vezes de, por termos consciência do tamanho das necessidades e por nos sentirmos incapazes de satisfazê-las, esquecermos que existem outros fatores na equação, de outros planos, que trabalham por nós quando não damos conta. Só quando nos retiramos para a quietude é que voltamos a perceber essa verdade básica.

## PREPARAR-SE PARA CURAR: A BELEZA INTERNA DO PACIENTE

No "Canto de Salomão" do Antigo Testamento, as seguintes palavras são pronunciadas pelo Amante ao Amado: "Mostra-me tua face, pois tu és inteiramente belo." A frase foi interpretada espiritualmente como palavras da alma a Deus. Tanto terapeutas como pacientes precisam ouvir essas palavras e ter sua auto-estima recuperada pela reafirmação desse amor nos dizendo que *somos* inteiramente belos e nos pedindo para mostrar a face.

Eu estava na basílica de São Pedro, em Roma, no domingo de Pentecostes quando a *Pieta* de Michelangelo, a estátua da Virgem Maria com o Cristo morto no colo, foi vandalizada. Estávamos no altar-mor quando ouvimos o grito, mas não tivemos nenhuma idéia do que era até muito depois de ter sido anunciado que um louco havia subido na estátua e golpeado o nariz e a mão da Virgem. Muito depois, fiquei sabendo por meio de leitura como a estátua havia sido restaurada. Antes de ser realizada qualquer restauração, um artista passou um longo tempo com a estátua, olhando com atenção amorosa não para o estrago, mas para a beleza da obra. Só então ele iniciou o trabalho cuidadoso de restaurar o que havia sido danificado, com o espírito da totalidade. Esse sempre me pareceu um exemplo maravilhoso de como Deus é conosco e de como temos de ser com nossos pacientes: olhar primeiramente para a beleza interior e depois trabalhar a partir dela.

Esse é talvez o fator mais importante da cura, mas existem outros. E pode ser que a cura não esteja ocorrendo. Pode haver um bloqueio, um obstáculo em nós mesmos ou em nosso paciente, que não conseguimos enxergar até que ficamos imobilizados por um acidente ou um feriado nos faz parar de trabalhar. Então temos tempo para questionar onde está o bloqueio à cura. Queremos ou nosso paciente quer realmente ficar bem? Existe algum medo nele de ficar bom e não conseguir, sem o recurso que a doença pode representar, ganhar a atenção dos outros?

Seria a doença uma autopunição por alguma culpa ou vergonha do passado? Por que não conseguimos aceitar e perdoar outras pessoas e nós mesmos? É muito comum sermos mais severos com nós mesmos do que o Amor Divino e muitas vezes somos orgulhosos demais para aceitarmos que somos perdoados e aceitos incondicionalmente, o que quer que tenhamos feito. Podemos precisar da ajuda de um amigo ou terapeuta para ver que é seguro relaxar e permanecer simples, livre e transparente para dar e receber apenas verdade e amor incondicional.

## LIMPEZA PESSOAL

É necessário fazer uma limpeza diária do campo da aura que representa o corpo, a mente e o espírito. Podemos pedir para que sejam removidos de cada célula de nosso corpo, de cada nível de nossa mente e de nosso coração e de cada fibra de nossa vontade todas as toxinas e negatividade, todo medo e incapacidade de confiar, toda pressão e orgulho, todo apego excessivo e ingratidão. Se existe alguma entidade no campo de nossa aura que precisa ser enviada para a Luz, devemos fazer isso. Quando inspiramos a luz do novo dia, expiramos as energias gastas que são tóxicas. Nossa programação diária deveria incluir exercícios, boa alimentação e descanso, com um dia para relaxar regularmente, seja jogando boliche com dez pinos ou ouvindo Mozart.

Às vezes, entretanto, é importante realizar um processo de limpeza mais prolongado, nomeando nossas várias partes e focalizando a luz em cada uma especificamente, para aumentar a consciência de nós mesmos. Essa sessão mais prolongada de limpeza talvez possa ser feita uma vez por semana.

Que a Luz da Cura penetre em cada célula do meu corpo:
cérebro — todos os órgãos da visão, da fala, do olfato e do ouvido
sistema circulatório — sangue e coração, artérias e veias
sistema respiratório — pulmões e pele
sistema digestivo — estômago, fígado, pâncreas, intestinos
sistema urinário — rins, bexiga
sistema reprodutor — órgãos genitais
sistema muscular — músculos, tendões, tecidos conectivos
sistema ósseo — ossos, coluna, caixa torácica, pélvis
sistema nervoso — nervos
sistema endócrino — glândulas
sistema imunológico — sistema linfático

Que a Luz da Cura penetre em cada nível de minha mente e de meu coração:
minha mente consciente — razão, intuição, imaginação, memória
meu subconsciente e inconsciente
a fronteira da mente com as emoções — meus sentimentos

Que a Luz da Cura penetre em cada fibra da minha vontade.
Que a Luz da Cura limpe o meu corpo, a minha mente e o meu espírito.

Existem diferentes rituais que podemos realizar para nós mesmos — escrevendo um diário espiritual ou de sonhos, fazendo uma mesa de altar para nossos objetos de valor, acendendo uma vela para fazer uma refeição (na Suécia, alguns amigos acendem uma vela simplesmente para tomar um café) e procurando manter nossas vidas limpas e desimpedidas. Precisamos notar o condicionamento dos anos e deixar para trás padrões de pensamentos já gastos.

Podemos fazer isso aos poucos, até chegarmos a um ponto de pureza de intenção, onde apenas a Luz, e nada mais, torna-se o foco de nossa vida, o ponto interno imóvel ao qual retornamos e no qual a Luz nunca se apaga. Ao descansarmos nesse ponto, enviamos luz para outros ou os trazemos para a luz.

Vale a pena notar que não é o que alguém diz ou faz por nós que nos ajuda mais, mas a luz que irradia da pessoa. O irmão Roger, fundador e prior da Comunidade Ecumênica de Taizé, na França, é uma pessoa desse tipo, como foi Dorothy Kerin, cuja cura milagrosa levou-a a dedicar cinqüenta anos à missão cristã de curar. Uma pessoa que a viu comparou-a a uma casca de ovo, através da qual a luz é irradiada.

## CURAR COM LUZ

As pessoas que curam por meio da imposição de mãos podem levar através de suas mãos luz e cor a um ponto específico do corpo do paciente ou podem colocar as mãos na cabeça ou uma mão na cabeça e outra em alguma outra parte do corpo. Para levar luz e cor através das mãos, é necessário abrir-se para elas nos níveis dos chakras da coroa e da fronte, visualizando uma corrente ou bola de luz no ponto da terceira visão, logo acima do nariz. Deixe que a luz circunde o paciente, centrada na altura do coração, bem como na área específica necessitada, como, por exemplo, a coluna, a cabeça ou o abdômen.

## *Cura a distância*

Mesmo com o paciente ausente, esse tipo de tratamento pode ser extremamente eficaz. Quando eu recebi esse tipo de tratamento de um praticante a 300 quilômetros de distância, fiquei dispensada da necessidade de ser hospitalizada para uma cirurgia. Procure informar-se a respeito desse método para tratar de seu caso específico. Pode ser que esse seja o tratamento adequado para você, mas pode também levá-lo a descobrir outro método que lhe seja mais apropriado.

Existem vários métodos de cura a distância. Os seguintes são três deles:

1. Visualize o paciente deitado. Começando acima da cabeça, vá descendo lentamente as mãos por toda a extensão do corpo, visualizando uma corrente intensa de luz curativa entre suas mãos penetrar todo o corpo do paciente.
2. Sintonize-se com a Luz e a Vontade Divinas e respire regularmente nesse estado de quietude. Passado algum tempo, traga para dentro da luz em que você está a pessoa que você está querendo ajudar. Não tente entrar em contato com ela por outro meio que não seja estar com ela em quietude respirando regularmente dentro da Luz. Visualize-a saudável e feliz. Esse procedimento é mais eficaz quando praticante e paciente marcaram previamente uma determinada hora para concentrarem-se juntos.
3. Envie um raio, um círculo ou uma estrela de luz ou ainda a imagem de um corpo de luz para encobrir, envolver e proteger a pessoa doente. Outra vez, visualize-a curada e feliz.

# PROTEÇÃO

Sempre que trabalhamos com a luz, atraímos o seu contrário. Isso não deve ser subestimado. Para proteção, limpeza e bênção, visualize uma luz em forma de cruz ou estrela antes de entrar numa casa, especialmente se for uma casa onde há doença ou desgraça. Você pode fazer isso antes de uma conversa por telefone ou encontro difícil. Você pode limpar e abençoar uma sala de reunião, orando para que a luz a ilumine, e levá-la a cada uma das cadeiras em volta da mesa, especialmente se você sabe quem costuma sentar em cada uma delas e oferecer-lhe uma bênção especial. Finalmente, agradeça pelo bom andamento da reunião.

Para a proteção pessoal, de outro, de sua casa ou de seu carro, coloque-se inteiramente dentro de um círculo de luz. Talvez você queira vestir o Escudo de Luz (*ver página 121*).

## *Cura grupal*

Para curar um grupo como, por exemplo, de refugiados ou vítimas de terremoto ou furacão, visualize uma luz ou estrela descendo sobre o grupo e alojando-se no coração de cada um de seus membros. Retenha no seu coração e na sua mente e dentro da luz o grupo com suas necessidades especiais ou quaisquer problemas locais, globais ou planetários que você deseja curar. Outra alternativa é você enviar a luz do grupo para o mundo todo.

Outro método, criado por um amigo meu, envolve três pessoas sentadas em círculo nos pontos que formam um triângulo. Focalize a luz e envie-a através da terceira visão e das palmas estendidas das mãos, cada pessoa formando um triângulo com a terceira visão e as palmas das duas mãos. Envie a luz para uma determinada pessoa ou para o planeta.

Essa é uma prática extremamente benéfica, especialmente quando o nome da pessoa ou do país é colocado dentro do triângulo. Pode-se colocar uma pessoa concreta dentro do triângulo se isso for considerado apropriado.

## GRUPOS QUE TRABALHAM COM A LUZ

Existem inúmeros grupos trabalhando com a luz, mas um em especial deve ser mencionado. *Os* Emissários da Luz constituem um grupo que se deu a conhecer a James Twyman, que depois veio a ser o autor de *Emissary of Light* e *The Secret Disciple*. Como roqueiro, ele foi convidado no início da década de 1990 a visitar a Croácia. Ele não sabia para que, até que, ao chegar lá, foi levado para um local secreto, onde encontrou os Emissários da Luz meditando pela paz entre a Croácia e a Bósnia.

Quase dez anos depois, ele voltou aos Bálcãs para tocar e cantar em um concerto pela paz de Kosovo e da Sérvia. Ele levou luz e esperança para milhares de pessoas e formou um grupo de Emissários da Luz nos Estados Unidos para meditar pela paz nas regiões do mundo em conflito.

Pode-se também encontrar muitos outros grupos que trabalham com a luz na Open Centres Network (Rede de Centros Abertos). Entre esses grupos estão os Quakers e outras redes de grupos ou grupos isolados de diferentes crenças voltadas para a luz interior, e o New Seminary UK para treinamento de ministros e conselheiros espirituais interconfessionais.

## CONCLUSÃO

Muito simplesmente, tudo que temos de fazer é dar atenção amorosa à fonte de nosso ser, à Luz, ao Amor, a Deus, ao Espírito Santo. Como escreveu o autor anônimo do livro *The Cloud of Unknowing*, do século XIV:

> "[...] Uma atitude indefesa diante de Deus, só o desejo por Ele basta [...] Se você quer colocar tudo o que deseja numa única palavra que a mente consiga reter facilmente, escolha uma que seja curta em vez de uma longa. Uma palavra monossilábica como "Deus" ou "amor" funciona melhor. Mas escolha uma que tenha sentido para você. Então, grave-a em sua mente para que ela permaneça ali aconteça o que acontecer. Essa palavra será sua defesa na guerra e na paz. Use-a para dissipar a Nuvem Escura sobre você e vencer todas as distrações, entregando-as para a Nuvem do Esquecimento abaixo de você."[2]

Para concluir, vamos agradecer, louvar, admirar e nos maravilhar e, como diz o poeta Seamus Heaney, "nos entregar ao louvor e à visão súbita do mundo como luz".[3] Essa é a visão que cura — perceber que para cada um de nós que é parte da única e mesma luz, só a felicidade pode existir.

# 10
# Para nos tornar o que somos: que a luz se faça

Porque nós somos as estrelas. Porque cantamos
Porque cantamos com nossa luz
Porque somos pássaros feitos de fogo
Porque abrimos nossas asas através do céu
Nossa luz é uma voz.
Abrimos um caminho para a alma
Porque esta jornada através da morte
É o canto das estrelas
Porque nós cantamos, porque cantamos com nossa luz.

*Canto dos índios passamaquoddy*

Quinze anos atrás, durante uma conferência sobre Platão em Oxford, conheci uma senhora americana que estava sentada ao meu lado. Quando acabou o espaço do envelope no qual estava fazendo anotações, eu passei a ela uma ficha de arquivo. Após a conferência, descobri que ela estava em Oxford apenas por algumas horas e gostaria de conhecer o lugar. Depois de um passeio que nunca vou esquecer, estávamos diante do Sheldonian Theatre quando ela me perguntou em tom retumbante: "O que você acha que existe atrás do universo?" Minha resposta, previsível para mim na época, foi: "Eu acho que Deus está atrás do universo", perplexa diante da possibilidade de haver outras opções que pudessem ser levadas a sério. Ela refutou minha resposta. "Não, querida, é justamente onde você está equivocada. Vejo que você é religiosa. Meu marido é religioso e incapaz de ferir uma mosca." Surpresa diante dessa definição de religioso, não consegui dizer nada por um momento. Então, perguntei o que ela achava que existia atrás do universo. Triunfantemente, ela respondeu "eletricidade" e, ao ver minha expressão, acrescentou: "Dá tudo no mesmo. Para você é Deus. Para mim, eletricidade. É uma questão de semântica."

Admirei sua audácia, e aquela tarde continua vívida em minha memória. Com o passar dos anos, comecei a dar mais valor à sua resposta do que seria capaz de imaginar na época em que a ouvi de sua boca. O processo de escrever este livro e as leituras que ele requereu foram um lembrete constante do espectro de energias eletromagnéticas das quais somos parte, e especialmente do trabalho de Walter Russell e a luz de sua visão de um universo elétrico em comunhão com a Luz que é Deus. As percepções mudam.

Em 1962, embarquei numa segunda viagem para a Índia, consciente da necessidade de viajar com pouca bagagem.

Desde meu retorno ao Ocidente, sei que não apenas eu, mas também outros sentem a necessidade de "despojar-se" e "livrar-se de coisas". É como se pressentíssemos grandes mudanças à nossa frente e não quiséssemos ser impedidos de seguir em frente por nossa bagagem. Algumas dessas mudanças são dolorosamente óbvias — o número crescente de terremotos, aumento assustador de genocídios, Ruanda, Bósnia e Kosovo, Timor Leste, o uso cínico e sinistro de armas psicológicas com tecnologias HAARP (*ver Angels Don't Play this HAARP*). Há uma escalada de violência contra crianças, muitas vezes por outras crianças, como mostra a dra. Ursula Anderson, pediatra conhecida internacionalmente, em seu comovente livro *The Psalms of Children*, e em seu livro mais recente, *Immunology of the Soul*, nos quais ela trata das mudanças nos níveis de energia relacionados com o aumento da violência.

Ela trabalha com crianças que sofreram traumas, ensinando-lhes uma prática de meditação com a luz para ajudá-las a recuperar a identidade e dignidade próprias. Enquanto isso na ciência e na educação, não está ocorrendo apenas um colapso das velhas estruturas, mas também o surgimento de novas. Iniciativas científicas como, por exemplo, no campo da engenharia genética, estão levantando novas questões éticas e também indicando novos métodos de "fazer" ciência, indo além do racional nos planos de realidade acessados apenas pela meditação, como demonstra David Bohm, que trabalhou com Krishnamurti. Os cientistas também estão tomando consciência da necessidade de levar em consideração as percepções dos povos indígenas (*ver Blackfoot Physics*). Também estão sendo feitas novas iniciativas no campo da educação — a meditação está sendo ensinada em algumas escolas, por exemplo, como meio de consulta para o desenvolvimento de um sistema educacional que seja mais orientado para o espírito do que para a matéria e para a criação de uma Universidade do Espírito, conforme a visão de *Sir* George Trevelyan, que hoje está sendo levada adiante pelo Wrekin Trust. O modelo presente em todas essas iniciativas é holístico — uma disposição a compartilhar, trabalhar juntos e ser um recurso um para o outro em vez de competir egoisticamente.

É importante notar o aumento de energias resultante das Convergências Harmônicas, assim como o fato de nosso sistema solar estar entrando no Cinturão de Fóton, evento que ocorre uma vez a cada 25.000 anos.

Também de grande importância e essencialmente ligado a isso, é o calendário maia que prevê para o ano de 2012 o fim do tempo conforme o conhecemos há 25.000 anos.

Tudo isso está ocorrendo numa época em que os estudos da consciência dos espaços interno e externo estão nos levando a procurar dentro de nós mesmos potenciais ilimitados e não usados e saber que não pertencemos apenas a este planeta, mas também à galáxia e ao cosmos numa infinidade de espaço e numa eternidade de tempo, num universo multidimensional em que tudo está presente — até mesmo o passado e o futuro — neste instante.

E ao chegarmos ao final deste livro, podemos nos perguntar: E agora? Nesses capítulos, procuramos apresentar uma visão geral das perspectivas abarcadas pelo fenômeno da luz. Espero que o livro não apenas desperte interesse, mas também estimule a assumir um compromisso com a Luz, para que cada um de nós se torne o que é, um verdadeiro ser de luz. O recurso para isso só pode estar dentro de cada um de nós, individualmente e em grupos, a graça atuando em nosso interior enquanto procuramos nos sintonizar, com autenticidade e gratidão, com a Luz e nos colocar à disposição da Luz para servir e amar incondicionalmente. Esse compromisso nos levará a estabelecer uma relação com o mundo que nos seja apropriada, seja como artista, cientista, terapeuta, professor ou qualquer outra função. Não é apenas como profissionais que temos de nos comprometer, mas sobretudo como seres humanos, seres de luz em um mundo de abundância material e escuridão espiritual.

Só nos mantendo próximos da Luz é que seremos capazes de irradiar nosso compromisso. O fósforo tem de absorver luz para emitir luz e o mesmo acontece conosco. Temos o compromisso de, individualmente e juntos, deixar a luz brilhar para o bem-estar, orientação e cura de todos que compartilham conosco este planeta para a glória Daquele de onde todos nós viemos.

Este livro começou num bazar de Almora, em Divali, nas encostas da Índia, e vamos encerrá-lo com a fábula do santo cristão Sadhu Sundar Singh, que percorreu as aldeias do norte da Índia. Ele era o motivo do fascínio de um menininho que finalmente criou coragem para lhe perguntar: "Sadhu Sahib, qual é o creme que você usa no rosto para ele brilhar como o Sol?" O sadhu respondeu sorrindo: "O creme, meu filho, é interior."

Vivam como homens que estão em casa à luz do dia, pois é de onde há luz que provém toda bondade, justiça e verdade.

(Carta de São Paulo aos Efésios,
Capítulo 5, versículo 9)

# Notas

**Capítulo 1: O que é luz?**

1. Platão, *Timeu*, 45b.
2. David Wilcock, *Convergence: 1999 and Beyond*, uma versão integral deste livro está gratuitamente disponível na Internet. É uma exploração fascinante de fenômenos como luz, som, cor e consciência. O endereço de David Wilcock na Internet é: www.ascension2000.com
3. Goethe, *Lexikon der Goethe Zitate*, org. Richard Dobel, Artemis Verlag, Zurique, 1968, p. 524, no. 18p.
4. Para informações mais detalhadas sobre os atuais estabelecimentos de ensino de Steiner, entrar em contato com The Anthroposophical Society ou Emerson College, Forest Row.
5. Citado no livro de Arthur Zaconj, *Catching the Light*, Bantam, 1993.
6. Ibid.
7. Em 1964, John S. Bell, da Irlanda, desenvolveu seu Teorema que "fundamenta matematicamente a idéia de que as 'partículas' subatômicas estão ligadas de um modo que transcende o espaço e o tempo, de maneira que tudo que afeta uma partícula afeta outras partículas..." O tempo não é necessário para a transmissão — ela é instantânea. Os efeitos são "superluminais", isto é, mais velozes do que a luz. Este fenômeno está além da dualidade onda/partícula, de Einstein. Trata-se de uma conexão instantânea.
8. É importante notar que o último século do milênio foi marcado por um interesse pela meditação por aqueles cujas disciplinas tradicionais basearam-se na racionalidade. Isso não quer dizer que eles tenham deixado de usar métodos racionais em suas investigações, mas que constataram que a verdade última encontra-se além da racionalidade.

Em 1921, Walter Russell, pintor, visionário, escultor e depois fundador da University of Science and Philosophy de Swannanoa, Virgínia, teve uma visão incrível da atividade elétrica do universo. Nossos cientistas atuais simplesmente ainda não estão preparados para aceitar as implicações desse fato extremamente revolucionário. O material foi recebido por Russell quando sua mente estava dissociada de seu corpo sensorial e foi transcrito em "The Divine Iliad", cujos conteúdos só podem ser publicados à medida que vão sendo assimilados. Há muito ainda para ser publicado. A visão foi também pintada em um quadro, que mostra as ondas equilibradas de energia percebidas na visão. O perfeito equilíbrio do ritmo é básico. A filosofia de vida de Russell era: "Quero ver beleza e perfeição em todas as coisas. A tudo o que é feio, minha visão será imune."

Mesmo sem qualquer formação em física, Russell previu as descobertas dos isótopos de hidrogênio e dos dois novos elementos usados na bomba atômica. Seu interesse era que os pensadores criativos trabalhando nos laboratórios de todo o mundo "investiguem antes de tudo a luz, que é o fundamento do universo, a onda, no interior da qual jazem os segredos da criação, o que a eletricidade faz com a luz e o porquê disso, como também o porquê da energia expressar-se eletricamente, em vez de em substância, para realizar os prodígios do futuro".

Quem quiser conhecer melhor os ensinamentos desse homem, pode entrar em contato com Jan Cox, em The Isbourne Foundation. Essa sabedoria pertence ao nosso futuro.

**Capítulo 2: O Sol: fonte da luz**

1. Especialmente recomendado sobre esse assunto é o livro recente e de fácil leitura do dr. Richard Hobday, *The Healing Sun* (The Findhorn Press, 1999).
2. O método de Bates continua a ser uma fonte de inspiração ao Natural Vision Movement, retomado não apenas pelo dr. Jacob Liberman, mas também por Janet Goodrich, Ph.D., em seu livro *Natural Vision Improvement*, Celestial Arts, 1986. *Ver também* o trabalho de Peter

Mansfield no Reino Unido em favor de melhorar a visão e sua publicação *Seeing and Believing*.

3. As "caixas de luz" são de tamanhos variados e podem ser encontradas tanto em acabamento de plástico como de madeira. As caixas grandes para uso em clínicas ou grupos grandes podem custar cerca de 300 libras, enquanto as portáteis, que podem ser colocadas sobre uma mesa ou escrivaninha, custam cerca de 100 libras, mas existem outras de tamanho intermediário. O tempo de tratamento com a portátil Travel-Lite é de uma hora e meia aproximadamente. A caixa pesa cerca de 1,2 kg. Todas as lâmpadas encontram-se disponíveis ou em forma de Luz Natural (90 por cento das pessoas preferem essa luz) ou em Branco Intenso, que tem mais amarelo em seu espectro.
4. A pesquisa foi realizada pelo Environmental Health and Light Research Institute de Sarasota, Flórida, durante cinco meses do ano de 1973. Ver John Ott, *Health and Light: The effects of natural and artificial light on man and other living things*, Ariel Press, 1976, pp. 202-204.
5. Ver John Ott, *My Ivory Cellar*, 20th Century Press, Chicago, 1958; Devin-Adair, Old Greenwich, 1976. Porém o material mais recente, que incorpora essas descobertas, é encontrado em John Ott, *Health and Light*, op. cit.
6. Esse sistema de Ott, disponível nos Estados Unidos, é a base da iluminação de reflexão total usada no Reino Unido e em outras partes do mundo.
7. Liberman desconsidera grande parte da paranóia com respeito aos riscos do UV, pois considera que existem falhas em alguns dos experimentos. A pesquisa com animais — analogia não é prova — foi realizada em 1981 no Medical College de Richmond, Virgínia, e foi cruel e desumana ao expor animais a níveis bem mais altos de radiação do que seriam níveis médios para os seres humanos, para provar a relação entre UV e câncer (ver Liberman, *Light: Medicine of the Future*, p. 147). Liberman explora todas as relações estabelecidas entre o câncer e a luz, incluindo uma referência ao estudo da dra. Helen Shaw, que descobriu que a incidência de melanoma maligno

era consideravelmente mais alta em pessoas que trabalham em escritórios do que naquelas que se expõem regularmente à luz do Sol em conseqüência de suas profissões ou estilos de vida. Ver V. Beral, "Malignant melanoma and exposure to fluorescent light", *Lancet,* 7 de agosto de 1982, sobre a pesquisa realizada na London School of Hygiene and Tropical Medicine e na Melanoma Clinic da Universidade de Sydney, na Austrália.

8. Outras pesquisas indicam que o PABA (ácido paraminobenzóico) pode causar dano genético ao DNA da pele. Ver *Light: Medicine of the Future,* p. 54; e também, W. Allen, "Suspected carcinogens found in 14 out of 17 sunscreens", *St Louis Dispatch,* 9 de março de 1989.

**Capítulo 3: A centelha divina**

1. O livro de Aivanhov, *The Fruits of the Tree of Life: The Cabbalistic tradition,* é uma ótima introdução à Cabala. Existem também cursos ministrados no Reino Unido sobre "O Caminho ou Modo da Cabala" por Warren Kenton. Para quem quiser entrar em contato com um judeu ortodoxo para saber mais sobre essas questões, Meir Hillel, em Israel, propõe-se a relacionar esses estudos com a natureza da luz.
2. Ver Peter Tompkins, *The Secret Life of Nature,* Thorsons, 1997, p. 153.
3. Para os interessados em conhecer a natureza derivativa da doutrina e prática dos cristãos primitivos, *The Jesus Mysteries: Was Jesus a pagan god?, d*e Timothy Freke e Peter Gandy (Thorsons, 1999) é uma leitura séria. Ele traça paralelos misteriosos entre as lendas em torno de Jesus e os mistérios greco-egípcios de Dionísio-Osíris.
4. Citado em George A. Maloney, *The Mystic of Fire and Light: Simeon the New Theologian,* Dimension Books, 1975, pp. 102-3.
5. Swedenborg, *Heaven and Hell,* Swedenborg Society, 1958, p. 136.
6. Citado em Peter Roche de Coppens, *Divine Light and Fire,* Element Books, 1992, pp. 108-11.
7. Mikhail Aivanhov, *The True Meaning of Christ's Teaching,* Prosveta, p. 136.
8. Mikhail Aivanhov, *Looking into the Invisible,* Prosveta, p. 137.

**Capítulo 4: Os corpos de luz: além do que os olhos podem ver**

1. Ver David Tansley, *Dimensions of Radionics*, Brotherhood of Life Publishing, 1997, pp. 20-22 (Edição brasileira: *Dimensões da Radiônica*, Editora Pensamento, 1990.)
2. Para uma avaliação completa da obra de Annie Besant e Charles Leadbeater, ver *The Secret Life of Nature* de Peter Tompkins (Thorsons, 1997). Prefácio e Capítulo 7, "Occult Chemistry". O dr. Phillips, professor de física de partículas de Cambridge, publicou *Extrasensory Perception of Quarks*, e concluiu: "Besant e Leadbeater viram realmente quarks por meio da percepção extra-sensorial cerca de 70 anos antes de os físicos proporem sua existência." A aprovação das conclusões de Phillips já havia vindo de E. Lester Smith, bioquímico notável e membro da Royal Society, além de descobridor da vitamina B12.
3. O debate atual é abrangente. Para mais informações e pesquisas mais recentes ver *Network: The Journal of the Scientific and Medical Network*.
4. O dr. Harold Saxton Burr estudou o campo de energia etérica em 1935 e no início dos anos de 1940, ao mesmo tempo que Semyon Kirlian (ver *abaixo*). Os experimentos de Burr foram feitos com o campo energético de uma salamandra.
5. Semyon Kirlian era um engenheiro eletrônico em Krasnodar, sul da Rússia. Certo dia, quando estava buscando uma máquina para consertar, viu por acaso um instrumento de alta-freqüência para eletroterapia semelhante à máquina projetada pelo gênio Nikola Tesla no final do século XIX. Kirlian observou um pequeno lampejo de luz entre o eletrodo e a pele do paciente e perguntou-se se conseguiria "fotografar" aquela faísca por meio de uma chapa fotográfica colocada entre a pessoa e o eletrodo. Seu trabalho revelou o efeito da "folha fantasma" que, juntamente com o experimento de Burr com o campo energético da salamandra, confirmou a existência do corpo etérico. Para uma avaliação do trabalho de Kirlian no início dos anos de 1940, ver Harry Oldfield e Roger Coghill, *The Dark Side of the Brain*, Element Books, 1988.

A obra de Lakhovsky, demonstrando a radiação dos organismos vivos (ver *Dr. Fritz-Albert Popp, Capítulo 5*), também demonstrou a possibilidade de se detectar uma doença nos corpos etéreo e de freqüência mais alta antes de ela manifestar-se no plano físico. A radiônica e a radiestesia são capazes de fazer isso. Elas conseguem demonstrar o que os clarividentes viram e podem com isso corrigir muitos desequilíbrios.

6. Para maiores informações consultar o *site*: http://www.kirlian.org/kirlian/korotov/korotkov.htm.
7. Para mais informações sobre neuromagnetismo, ver o livro do dr. William Collinge, *Subtle Energy* (Thorsons, 1998) e referências a R. Becker, "Modern bioelectromagnetics and functions of the central nervous system" em *Subtle Energies 3* (1) (1992), 69, e P. Green, E. Parks e outros, "Gender differences in a magnetic field", em *Subtle Energies 3* (2), 65-104.
8. Ver Theo Gimbel, *Form, Sound, Colour and Healing*, C. W. Daniel, 1987, p. 45.
9. Alice Bailey, *A Treatise on White Magic: The way of the disciple*, Lucis Publishing, edição de 1979, p. 469.
10. W. Kilner, *The Human Aura*, New York University Books, 1965. O biólogo de Cambridge, Oscar Bagnall, confirmou os experimentos de Kilner; outros confirmam a convicção de Kilner de que a aura tem uma ligação direta com o sistema nervoso.
11. Ver H. Motoyama e R. Brown, *Science and the Evolution of Consciousness*, Autumn Press, 1978, pp. 99-119.
12. Para evidências científicas da existência dos chakras, ver William Collinge, *Subtle Energy*, Thorsons, 1998. Para evidências eletrônicas da aura e dos chakras, ver o estudo da UCLA no *Brain/Mind Bulletin 3* (9), 20 de março de 1979 e, também, R. Miller, "Bridging the gap: an interview with Valerie Hunt, Ed.D', *Science of Mind*, outubro de 1983; e A. Jackson, "Energetic medicine: a new science of healing: interview with Dr. Hiroshi Motoyama", *Share International Magazine* 11 (7), 5-7.

13. Valerie Hunt, "Electronic evidence of auras, chakras in UCLA study" no *Brain/Mind Bulletin* 3 (9), 20 de março de 1979.
    Valerie Hunt, Ed.D., eminente cinesiologista e ex-presidente do Departamento de Cinesiologia da University of California, Los Angeles, estudou a integração estrutural (ou *Rolfing*), uma técnica para reestruturar e integrar o corpo por meio de uma manipulação profunda, e apresentou suas conclusões sobre as ligações entre os chakras, o campo eletromagnético e a mente. Ver também R. Miller, "Bridging the gap: an interview with Valerie Hunt, Ed. D" em *Science of Mind*, outubro de 1983.
14. Richard Gerber, *Vibrational Medicine*, Bear & Co., edição revista de 1998, p. 134.
    O dr. Gerber formou-se pela Faculdade de Medicina da Wayne State University, Detroit. Ele estudou métodos alternativos de diagnóstico e tratamento, inclusive os da fotografia Kirlian para diagnosticar câncer. Seu livro abrangente *Vibrational Medicine* é leitura básica nessa área. Ele mora atualmente em Michigan.
15. Os interessados em conhecer mais detalhadamente esse assunto devem ler Rosalyn Bruyère, *Wheels of Light*, Simon and Schuster, 1994.
16. Willian Collinge, *Subtle Energies*, Thorsons, 1988, pp. 81-8. William Collinge, PhD, ensina, pesquisa e escreve nas áreas de energia sutil e medicina integrativa. É autor de *The American Holistic Health Association Complete Guide to Alternative Medicine* e dirige seminários e retiros por toda a América do Norte, Havaí e Nova Zelândia.
17. "Environment News Briefs", *Spectrum* 39, novembro-dezembro de 1994, 14, e *Acres USA*, agosto de 1994.
18. Para mais informações sobre correntes telúricas, ver Collinge, op. cit.
19. H. Betz, "Unconventional water detection: field test of the dowsing technique in dry zones: part I", *Journal of Scientific Exploration* 9 (1), 1-43, citado ibid., p. 69.
20. Sobre a relação entre os campos eletromagnéticos e câncer (leucemia relacionada com o uso de cobertor elétrico), ver *Subtle Energy*, Thorsons, 1998, onde Collinge cita E. S. Maxey, "Perspective: a lethal

subtle energy", *Subtle Energies* 2 (2), 55-72, e "Alzheimer's, EMF', *Brain/Mind Bulletin,* agosto de 1994.
21. M. Gauquelin, "Is there a Mars effect?", *Journal of Scientific Exploration,* 2 (1) (1995), 29-31.
22. S. Ertel, "Raising the hurdle for the athletes' Mars effect", *Journal of Scientific Exploration* 2 (1) (1988), 53.
23. Collinge, op. cit., p. 65.
24. Edgar Cayce, *Auras,* ARE Press, 1976.
25. Barbara Brennan, *Hands of Light,* Bantam New Age Books, 1987, p. 51.

**Capítulo 5: A linguagem da luz: bioinformação e fototrônica**

1. Martin von Hildebrand, "Gaia and Culture: Reciprocity and Change in the Colombian Amazon", em *Gaia in Action,* org. Peter Bunyard, Floris, 1996. Martin von Hildebrand também contribuiu para *Gaia, the Thesis, the Mechanisms and the Implications: Symposium I,* organizado por P. Bunyard e E. Goldsmith, 1988.
2. Dr. Andrew Weil, *Spontaneous Healing,* Warner Books, 1995, pp. 101-3.
3. Mae Wan Ho é também autora dos livros *The Rainbow and the Worm: The physics of organisms,* World Scientific, 1993, e *Bioenergetics,* Open University Press, 1993.
4. Hugo Niggli, "Biophotons: our body produces light", *Network,* dezembro de 1998 (com referência a F. A. Popp).
   Fritz-Albert Popp é professor convidado de biofísica e diretor administrativo do Centro de Tecnologia do Instituto Internacional de Biofísica, Raketenstation, Kapellener Strasse, 41472 Neuss, Alemanha.
5. Jack Allanach, *Colour Me Healing,* Element Books, 1997, p. 6.
6. F.-A. Popp, "On the coherence of ultraweak photo emission from living systems", em C. W. Kilmister (org.), *Disequilibrium and Self-Organization,* Reidel, 1986, pp. 207-30.
   Vale também mencionar, para quem lê em alemão, o livro original de Marco Bischof: *Biophotons: The Light in our cells,* Zweitausendeins,

1995. Infelizmente, até agora estão sendo feitas apenas traduções para o russo e o chinês.

7. *EnergiaVitale*, Swiss/Italian Film Co.
8. F.-A. Popp, "Coherent photon storage of biological systems" em F.-A. Popp, U. Warnke, H. L. König e W. Pescha (organizadores), *Electromagnetic Bio-Information*, Urban Schwarzenerg, 1989.
9. Werner Kropp desenvolveu uma tecnologia de ressonância e interferência energética (ERIT) e produtos da marca Wekroma. Para uma visão mais ampla, ver *Colour Me Healing*, de Jack Allanach, Element Books, 1997, p. 24.
10. Citado ibid.
11. Professor Kaznacheev e L. Michajlova, "Ultraweak Radiations in the Intercell Interactions", *Nauka*, 1981.
12. A equação de Planck sustenta que os quanta de luz são também quanta de ação, o que implica que têm metas.

**Capítulo 6: Terapias da luz**

1. Citado em Richard Gerber, *Vibrational Medicine*, Bear & Co., edição revista de 1998, p. 575.
2. Citado em Darius Dinshah, *Let There Be Light*, The Darius Dinshah Society, 1996.
3. Para adquirir o livro, o vídeo e mais informações, entrar em contato com The Dinshah Health Society, PO Box 707, Malaga, New Jersey 08328, Estados Unidos.
4. O *Treatment Guide* do dr. Downing foi aprovado pelo Serviço de Informações sobre Epilepsia da Bowman Gray School of Medicine, Winston Salem, NC 27103, Estados Unidos.
5. A responsável por esse projeto é Michaelle Wynne-Jones.
6. A terapia praticada pela dra. Samoilova está atualmente acessível apenas na Clínica Sofia em São Petersburgo.
7. A lâmpada Bioptron pode ser adquirida através da Glowing Health Company: contatar Roger Kendall. Se você decidir adquirir uma, informe que soube dela por meio deste livro, pois uma porcentagem vai para o LIGHT Trust.
8. Panfleto publicitário de Karl Ryberg.

**Capítulo 7: Percepções: criando a visão**

1. Os interessados em conhecer melhor essa linha de pensamento deveriam ler o livro de Karlheinz Stockhausen, *Towards a Cosmic Music* (Element Books, 1989), que tem a forma de uma entrevista com o compositor.
2. Jeanine Miller, "Vedic psychism" *LIGHT* (1975).
3. Barbara Brennan, "Interviews", *Caduceus*, número 21, mas veja continuação no número 22.
4. Jacques Lusseyran, *And There Was Light: The autobiography of a blind hero in the French Resistance*, Floris, 1963, p. 244.

**Capítulo 8: A luz da consciência: outras dimensões**

1. Ver Jane e Grant Solomon, *Harry Oldfield's Invisible Universe*, Thorsons, 1998, pp. 19-23; também Chris Morton e Ceri Louise Thomas, *The Mystery of the Crystal Skulls*, Thorsons, 1997, pp. 234-237.
2. Frances Banks, *The Testimony of Light*, pp. 109-11.
3. Citado em Robert Pellegrino-Estrich, *The Miracle Man: The life story of Joao de Deus*, Triad, 1997, pp. 106-11.
4. Rosemary Anne Addison é conselheira, terapeuta de longa data e atualmente em fase avançada de ordenação no Interfaith Seminary, Reino Unido.
5. Neile Donald Walsch, "Nothing matters", em Arielle Ford, *Hot Chocolate for the Mystical Soul*, Thorsons, 1998, p. 280.
6. Ibid.
7. Ibid.

**Capítulo 9: A visão que cura: um modo de olhar**

1. Para mais informações, ver Greg Braden, *Awakening to Zero Point: The collective initiative*, LL Productions, 1996, e Bob Frissell, *Nothing in this Book is True But It's Exactly How Things Are*, Frog Ltd., 1994.
2. *Cloud of Unknowing*, editado com introdução de William Johnston, Doubleday, 1973, p. 9.

3. Seamus Heaney, *Preoccupations: Selected prose 1968—1978*, Faber and Faber, 1980, p. 189, citado em A. M. Allchin e Esther de Waal (organizadores), *On the Threshold of Light: Prayers and praises from the Celtic tradition*, DLT, 1996.

# Bibliografia


## Capítulo 1: O que é luz?

D. Ash e P. Hewitt, *The Vortex: Key to future science,* Gateway Books, 1990.

D. Bouwmeester, J.-W. Pan, e outros, "Experimental quantum teleportation", *Nature* 390 (11), 575—9.

M. Buchanan, "Why God plays dice", *New Scientist,* 22 de agosto de 1998, 27—30.

C. Cookson, "That old black spooky magic", *Financial Times,* Londres, 1998.

De Lacy Evans O'Leary, *How Greek Science Passed to the Arabs,* Routledge and Kegan Paul, 1964, *Dictionary of Scientific Biography,* Vol. VI.

Harald Falck-Ytter, *Aurora,* Floris Books, 1999.

Linda Fellows, PhD, "Radionics, science and magic: time for a reconciliation?", *Radionic Quarterly,* Verão de 1999, 7—12.

Norman Friedman, *Bridging Science and Spirit: Common elements in David Bohm's physics, the Perennial Philosophy and Seth,* Living Lake Books, 1997.

Richard Gerber, *Vibrational Medicine,* Bear & Co., edição revista de 1998.

E. Kheirandish, *Arabic Versions of Euclid's Optics,* Springer Verlag, 1998.

Lindberg, *Theories of Vision from Al Kindi to Kepler,* Chicago University Press, 1976.

David Park, *The Fire within the Eye,* Princeton, 1997.

Sidney Perkowitz, *Empire of Light,* Joseph Henry Press, 1998.

Walter Russell, *The Secret of Light.* Pode ser adquirido através da Isbourne Foundation.

A. Sabra, *Optics, Astronomy and Logic: Studies in Arabic science and philosophy,* 1994; distribuidores: Bookpoint, Abingdon, Oxon.

Dava Sobell, *Galileo's Daughter,* Fourth Estate, 1999.

David Willcock, *Convergence: 1999 and beyond;* http://www.ascension2000.com

Arthur Zaconj, *Catching the Light,* Bantam, 1993.

## Capítulo 2: O Sol: fonte da luz

Edwin Babbitt, *Principles of Light and Colour,* Citadel, 1967.

Earlyne Chaney, *The Eyes Have It,* Samuel Weiser, 1987.

Gabriel Cousens, *Spiritual Nutrition and The Rainbow Diet*, Cassandra Press, 1986.
Damion Downing, *Daylight Robbery*, Arrow Books.
Richard Gerber, *Vibrational Medicine*, Bear & Co., edição revista de 1998.
Janet Goodrich, *Natural Vision Improvement*, Celestial Arts, 1986.
Richard Hobday, *The Healing Sun*, Findhorn Press, 1999.
Jasmuheen, *Living on Light*, Koha Publishing, 1998.
Zane Kime, *Sunlight*, Penryn CA World Health Publications, 1980.
Jacob Liberman, *Light: Medicine of the Future*, Bear & Co., 1991.
Jacob Liberman, *Take Off your Glasses and See*, Thorsons, 1995.
*Light Years Ahead (1992 Conference Report)*, LYA Publications, 1996.
McNab e Younger: *The Planets*, BBC Publications, 1999.
John Ott, *Health and Light: The effects of natural and artificial light on man and other living things*, Ariel Press, 1976.
Rudolf Steiner, *Colour*, Rudolf Steiner Press, 1996.

## Capítulo 3: A centelha divina

Foundation For Inner Peace, *A Course in Miracles*, Penguin, segunda edição, 1996.
Mikhail Aivanhov, *Light is a Living Spirit*, Prosveta, 1987.
Mikhail Aivanhov, *Looking into the Invisible*, Prosveta, 1990.
Mikhail Aivanhov, *The Splendour of Tiphareth*, Prosveta, 1988.
Mikhail Aivanhov, *The True Meaning of Christ's Teaching*, Prosveta.
Anne Bancroft, *The Spiritual Journey*, Element Books, 1991.
Joa Bolendas, *So That You May Be One*, Lindisfarne, 1997.
Philip Carr-Gomm, *The Druid Way*, Element Books, 1993.
George Feuerstein, *The Mystery of Light*, Passage Press, Salt Lake City, 1994.
Timothy Freke e Peter Gandy, *The Hermetica*, Piatkus, 1997.
Timothy Freke e Peter Gandy, *The Jesus Mysteries: Was Jesus a pagan god?*, Thorsons, 1999.
Louise Marie Frenette, *Omraam Mikhail Aivanhov*, Suryoma, 1999.
Bede Griffiths, *Universal Wisdom*, Fount, 1994.
Ursula King, *Spirit of Fire: Teilhard de Chardin*, Orbis, 1996.
George A, Maloney, *Mystic of Fire and Light*, Dimension Books, 1975.
Ravi Ravindra, *The Yoga of the Christ According to St. John*, Element Books, 1990.
Peter Roche de Coppens, *Divine Light and Fire*, Element Books, 1992.
Walter Russell, *The Secret of Light*, possível de ser adquirido através de The Isbourne Foundation.

## Capítulo 4: Os corpos de luz: além do que os olhos podem ver

Alice Bailey, *A Treatise on White Magic: The way of the disciple*, Lucis Publishing, reedição de 1979.

Barbara Brennan, *Light Emerging*, Bantam New Age Books, 1993.
Barbara Brennan, *Hands of Light*, Bantam New Age Books, 1987.
Rosalyn Bruyère, *Wheels of Light*, Simon and Schuster, 1994.
Edgar Cayce, *Auras*, ARE Press, 1976.
Margaret Cheney, *Man out of Time*, Prentice Hall, 1981.
William Collinge, *Subtle Energy*, Thorsons, 1998.
S. Ertel, "Raising the hurdle for the athletes' Mars effect", *Journal of Scientific Exploration* 2 (1) (1988), 53.
Michel Gauquelin, "Is there a Mars effect?", *Journal of Scientific Exploration* 2 (1) (1995), 29—51.
Richard Gerber, *Vibrational Medicine*, Bear & Co., edição revista de 1998.
Theo Gimbel, *Form, Sound, Colour and Healing*, C. W. Daniel, 1987.
Elmer Green e A. Green, *Beyond Biofeedback*, Knoll Publications.
A. Jackson, "Energetic medicine: a new science of healing: interview with Dr. Hiroshi Motoyama", *Share International Magazine* 11 (7).
R. Miller, "Bridging the gap: an interview with Valerie Hunt, Ed.D", *Science of Mind*, outubro de 1983.
Hiroshi Motoyama, *Towards a Superconsciousness: Meditational theory and practice*, Asian Humanities Press, 1990, distribuído no Reino Unido por Element Books.
Hiroshi Motoyama, *The Correlation between Psi-Energy and Ki: Unification of religion and science*, Human Science Press, 1991.
Hiroshi Motoyama, *Karma and Reincarnation: Key to spiritual evolution and enlightenment*, Piatkus, 1992.
Hiroshi Motoyama e Rande Brown Ouchi, *Science and the Evolution of Consciousness: Chakras, ki and psi*, Autumn Press, 1978.
Harry Oldfield e Roger Coghill, *The Dark Side of the Brain*, Element Books, 1988.
Christine Page, *Frontiers of Health*, C. W. Daniel, 1992.
Stephen M. Phillips, *Extrasensory Perception of Quarks*, Theosophical Publishing House, 1980.
Stephen M. Phillips, *Anima: Evidence of a yogic siddhi*, Vedanta Press, 1996.
H. Saxton Burr, *The Fields of Life*, Ballantine Books, 1972.
H. Saxton Burr e F. Northrop, "The electrodynamic theory of life", *Main Currents in Modern Thought*, setembro de 1962.
Jess Stearn, *Edgar Cayce: The Sleeping Prophet*, Bantam, 1982.
David Tansley, *The Raiment of Light: A study of the human aura*, Routledge & Kegan Paul, 1984.
David Tansley, *Dimensions of Radionics*, Brotherhood of Life Publishing, 1997.
Peter Tompkins, *The Secret Life of Nature*, Thorsons, 1997.
James Twyman, *Emissary of Light*, Warner Books, 1996.
James Twyman, *Secret of the Beloved Disciple*, Findhorn Press, 2000.

## Capítulo 5: A linguagem da luz: bioinformação e fototrônica


Jack Allanach, *Colour Me Healing*, Element Books, 1997.

Marco Bischof, *Biophotons: The light in our cells*, Zweitausendeins, 1995.

Peter Bunyard (organizador), *Gaia in Action*, Floris Books, 1996.

Peter Bunyard e E. Goldsmith (orgs.), *Gaia, the Thesis, the Mechanisms and the Implications: Symposium I*, 1988.

Hazel Henderson, *Paradigm's Progress: Life beyond economics*, Adamantine Press, 1993.

Mae Wan Ho, *The Rainbow and the Worm: The physics of organisms*, World Scientific, 1993.

Mae Wan Ho, *Bioenergetics*, Open University Press, 1993.

M. W. Ho, X. Xu, S. Ross e P.T. Saunders, "Light emission and re-scattering in synchronously developing populations of early *Drosophila embryos* — evidence for coherence of the embryonic field and long range cooperativity", em F.-A. Popp, K. H. Li e Q. Gu (orgs.), *Advances in Biophotons Research*, World Scientific, 1992.

V. Kaznacheev, L. Michajlova, "Ultraweak Radiations in the Intercell Interactions", *Nauka*, 1981.

Dr. Korotkov, *Light after Life*, disponível em inglês através da ACCESS Publishers Network, 6893 Sullivan Road, Grawn, MI 49637, EUA.

F.-A. Popp, B. Ruth, W. Bahr, J. Bohm, P. Grass, G. Grolig, M. Rattemeyer, H.G. Schmidt e P. Wulle, "Emission of visible and ultraviolet radiation by active biological systems", *Collective Phenomena* 3 (1981), 187—211.

Fritz-Albert Popp, *Biologie des Lichts*, Paul Parey, 1984.

F.-A. Popp, "On the coherence of ultraweak photo emission from living systems", em C. W. Kilmister (org.), *Disequilibrium and Self-Organization*, Reidel, 1986, pp. 207—30.

F.- A. Popp, K. H. Li, W. P. Mei, M. Galle e R. Neurohr, "Physical aspects of biophotons", *Experientia* 44 (1988), 576—85.

F.-A. Popp, "Coherent photon storage of biological systems", em F.-A. Popp, U. Warnke, H. L. König e W. Pescha (orgs.), *Electromagnetic Bio-Information*, Urban Schwarzenerg, 1989.

Andrew Weil, *Spontaneous Healing*, Warner Books, 1995.


## Capítulo 6: Terapias da luz


Edwin Babbitt, *Principles of Light and Colour*, Citadel, 1967.

Darius Dinshah, *Let There Be Light*, The Darius Dinshah Society, 1996.

Johanna Ernest, *The Life of Dorothy Kerin*; pode ser adquirido através do Dorothy Kerin Trust, 1983.

Ruth Farr, *Will you go back?*, Dorothy Kerin Trust, 1981.

Monica Furlong, *Burrswood: Focus of healing*, Hodder & Stoughton, 1978.
Richard Gerber, *Vibrational Medicine*, Bear & Co., edição revista de 1998.
Theo Gimbel, *Healing with Colour*, Gaia, 1994.
Tanmaya Honervogt, *Reiki*, Gaia, 1998.
Dorothy Kerin, *The Living Touch*, Hodder, 1965.
"Light Relief", revista *Style, The Sunday Times*, 16 de agosto de 1998.
*Light Years Ahead* (Relatório da Conferência de 1992), LYA Publications, 1996.
V. McIvor e S. La Forêt, *Vibrations: Healing with color, homeopathy, and radionics*, Samuel Weiser, 1979.
Candace Pert, *Molecules of Emotion*, Scribner, 1997.
Keith Scott-Mumby, *Virtual Medicine*, Thorsons, 1999.
Harold Spitler, *The Syntonic Principle*, The College of Syntonic Optometry, 1941.
Vicky Wall, *The Miracle of Colour Healing*. The Aquarian Press, 1990.
Eve Waterfield, *My Sister, Dorothy*, Kerin-Mowbrays, 1964.
Pauline Wills, *The Colour Therapy Manual*, Piatkus, 2000.

### Capítulo 7: Percepções: criando a visão

*A Quality of Light*, St. Ives International Exibition.
Joachim-Ernst Berendt, *The Third Ear*, Element Books, 1988.
Manlio Brusatin, *A History of Colours*, Shambala, 1991.
Jonathan Goldman, *Healing Sounds*, Element Books, 1992.
Olive Hesketh e Megan Wingfield, *Light is the Rainbow Bridge: For the third millenium*, publicado em conjunto pelas autoras, 1998; pode ser adquirido através de Megan Wingfield.
Jacques Lusseyran, *And There Was Light: The autobiography of a blind hero in the French Resistance*, Floris Books, 1963.
Jeanine Miller, "Vedic psychism", LIGHT (1975).
Karlheinz Stockhausen, *Towards a Cosmic Music*, Element Books, 1989.
*World within a World — X-7 Reporting: Transmissions from Russia on the theory and practice of Solar Light Radiations by the Group known as X-7*, Findhorn Press, 1996.

### Capítulo 8: A luz da consciência: outras dimensões

Mikhail Aivanhov, *Fruits of the Tree of Life: The Cabbalistic tradition*, Prosveta, 1990.
Mikhail Aivanhov, *Angels*, Prosveta, 1995.
Lita de Alberdi, *Channelling: What is it and how to do it*, Piatkus, 1999.
William Bloom, *Angels, Fairies and Nature Spirits*, Piatkus, 1999.
Dannion Brinkley com Paul Perry, *At Peace in the Light*, Piatkus, 1995.
B. Maxwell Cade e Nona Coxhead, *The Awakened Mind: Biofeedback and the development of higher states of awareness*, Wildwood House, 1983.
Marianne Dubois, *Solar Encounters*, Hazelwood Press, 1996.

Peter e Elizabeth Fenwick, *The Truth in the Light: An investigation of over 300 near-death experiences*, Headline, 1995.
Arthur Findlay, *On the Edge of the Etheric*, HQ Publishing Co., 1992.
Arielle Ford, *Hot Chocolate for the Mystical Soul*, Thorsons, 1998.
Matthew Fox e Rupert Sheldrake, *The Physics of Angels*, HarperCollins Publishers, 1996.
Helen Greaves, *The Testimony of Light*, World Fellowship Press, 1972.
Glenda Green, *Love without End*, Heartwings Publishing, 1999.
Barbara Hand Clow, *The Pleiadian Agenda*, Bear & Co., 1996.
Jean Houston, *Godseed*, Mythos Books, 1988.
Martin Israel, *Angels: Messengers of grace*, SPCK, 1995.
Marlo Morgan, *Mutant Message Down Under*, Thorsons, 1994.
Chris Morton e Ceri Louise Thomas, *The Mystery of the Crystal Skulls*, Thorsons, 1997.
Robert Pellegrino-Estrich, *The Miracle Man: The life story of Joao de Deus*, Triad, 1997.
Leonard Schlain, *The Alphabet and the Goddess: Male words and female images*, Penguin, 1998.
P. Schlemmer e P. Jenkins, *The Only Planet of Choice*, Gateway Books, 1993.
Jane e Grant Solomon, *Harry Oldfield's Invisible Universe*, Thorsons, 1998.
Grant Solomon, *Stephen Turoff: Psychic surgeon*, Thorsons, 1997.
Danah Zohar e Ian Marshall, *SQ: Spiritual intelligence the ultimate intelligence*, Bloomsbury Publishing Co., 2000.

## Capítulo 9: A visão que cura: um modo de olhar

A. M. Allchin e Esther de Waal (orgs.), *On the Threshold of Light: Prayers and praises from the Celtic tradition*, DLT, 1986.
Lilla Bek e P. Pullar, *The Seven Levels of Healing*, Rider, 1986.
Greg Braden, *Awakening to Zero Point: The collective initiative*, LL Productions, 1996.
Sophie Edwards, *The New Essenes*, Element Books.
Arielle Ford, *Hot Chocolate for the Mystical Soul*, Thorsons, 1998.
Bob Frissell, *Nothing in This Book is True But It's Exactly How Things Are*, Frog Ltd., 1994.
Murry Hope, *The Changeling*, College of Physic Studies, 1984.
Sig Lonegren, *Spiritual Dowsing*, Gothic Image Publications, 1986.
Elaine MacInnes, *Light Sitting in Light: A Christian's experience of Zen*, HarperCollins Publishers, 1996.
Ursula Markham, *The Elements of Visualisation*, Element Books, 1997.
Drunvalo Melchizedek, *The Ancient Secret of the Flower of Life*, Vols. I e II, Light Technology Publishing, edição revista de 1998.

Caroline Myss, *Why People Don't Heal*, Bantam, 1998.
Jim Pym, *Listening to the Light*, Rider, 1999.
Edmond Szekely (tradutor), *The Teachings of the Essenes from Enoch to the Dead Sea Scrolls*, C. W. Daniel Co., 1978.
Neile Walsch, *Conversations with God*, Hodder & Stoughton, 1997.

**Capítulo 10: Para nos tornar o que somos: que a luz se faça**

Ursula M. Anderson, *The Psalms of Children: The cries and laments*, She-Bear Publications, 1996.
Ursula Anderson, *Immunology of the Soul.*
Nick Begich e Jeane Manning, *Angels Don't Play This HAARP: Advances in Tesla technology*, 1995.
Barbara Hand Clow, *The Pleiadian Agenda*, Bear & Co., 1996.
Barbara Marciniak, *Bringers of the Dawn: Teachings from the Pleiadians*, Bear & Co., 1992.
Melvin Morse, *Closer to the Light: Learning from children's near death experiences*, Ivy Books, 1990.
Hiroshi Motoyama, *Karma and Reincarnation*, Piatkus, 1992.
F. David Peat, *Blackfoot Physics*, Fourth Estate Ltd., 1994.
P. Schlemmer e P. Jenkins, *The Only Planet of Choice*, Gateway Books, 1993.